高等职业教育机电类专业系列教材

# 工业组态软件应用技术项目化教程

主　编　夏春荣

副主编　王成忠　郭爱云　高　洁

主　审　范次猛

西安电子科技大学出版社

# 内 容 简 介

本书主要介绍组态软件的系统结构、原理、功能和使用方法。

全书共包括六个项目：组态软件应用技术先导知识学习、认识 MCGS 组态软件、应用 MCGS 实现储液罐水位自动监控、基于 MCGS 的交通信号灯监控系统、机械手物料自动搬运控制系统设计、职业技能大赛自动化生产线的安装与调试。

本书结构合理、通俗易懂，注重对学生职业技能的培养，可作为高职高专院校电类相关专业的教材，也可供电大、中等职业学校电类相关专业学生以及相关工程技术人员参考使用。

扫描书中二维码可获取作者精心制作的相关资源。

**图书在版编目(CIP)数据**

工业组态软件应用技术项目化教程/夏春荣主编. —西安：西安电子科技大学出版社，2018.2(2021.1 重印)

ISBN 978 - 7 - 5606 - 4876 - 7

Ⅰ.① 工⋯　Ⅱ.① 夏⋯　　Ⅲ.① 工业控制系统—应用软件—教材　Ⅳ.① TP273

中国版本图书馆 CIP 数据核字(2018)第 023697 号

策划编辑　李惠萍　秦志峰
责任编辑　曹　锦　李惠萍
出版发行　西安电子科技大学出版社(西安市太白南路 2 号)
电　　话　(029)88242885　88201467　　　　邮　　编　710071
网　　址　www.xduph.com　　　　　电子邮箱　xdupfxb001@163.com
经　　销　新华书店
印刷单位　陕西天意印务有限责任公司
版　　次　2018 年 2 月第 1 版　2021 年 1 月第 2 次印刷
开　　本　787 毫米×1092 毫米　1/16　印 张 8
字　　数　124 千字
印　　数　3001~6000 册
定　　价　19.00 元

ISBN 978 - 7 - 5606 - 4876 - 7/TP

**XDUP 5178001 - 2**

***如有印装问题可调换***

# 前　言

本书是根据"工学结合、项目引导、'教学做'一体化"的原则而编写的。

全书以实际工程应用和教学需要为出发点，结合高等职业教育的特点，遵循学生的认识过程和接受能力的规律，按照高职高专学校机电一体化技术专业核心课程"工业组态控制软件应用技术"的课程标准，注重对学生创新意识和创新能力、综合能力、工程意识与实践能力的培养，力求做到将知识转化为能力，以期达到让学生通过学习，既掌握必要的知识点，又得到技能训练的目的。

本书是一本综合性教材，通过学习可使学生掌握组态软件的应用技术和控制系统中监控程序的设计方法，能运用所学知识进行工业控制系统过程可视化的设计，对控制系统中的设备资源进行配置、控制策略组态、处理数据报警和系统报警、实现报表输出，并且利用脚本进行二次开发，从而为在工业自动化过程以及其他领域的监控/监测过程中的数据采集及监控应用打下良好的基础。

本书在内容安排上贴近工厂实际，实用性、可操作性强，各任务考核标准与国家维修电工职业技能鉴定接轨。本书彻底打破了理论和实践教学的界线，在内容上为"双证融通"的专业培养目标服务，在方法上适合"教学做"一体的教学模式改革，使学生在"学中做"和"做中学"。

本书以任务引领式的课程体系，围绕完成工作任务的需要安排教学内容，教学参考学时数为 90 学时，使用时可根据教学的具体情况删减部分内容。建议学时分配如下：

| 项目 | 内　容 | 学　时 |
| --- | --- | --- |
| 项目一 | 组态软件应用技术先导知识学习 | 10 学时 |
| 项目二 | 认识 MCGS 组态软件 | 10 学时 |
| 项目三 | 应用 MCGS 实现储液罐水位自动监控 | 10 学时 |
| 项目四 | 基于 MCGS 的交通信号灯监控系统 | 20 学时 |
| 项目五 | 机械手物料自动搬运控制系统设计 | 20 学时 |
| 项目六 | 职业技能大赛自动化生产线的安装与调试 | 20 学时 |

本书由江苏联合职业技术学院无锡交通分院夏春荣副教授担任主编，南通理工学院高洁讲师编写了项目一，江苏联合职业技术学院太仓分院王成忠讲师编写了项目二、项目三，江苏联合职业技术学院常州刘国钧分院郭爱云讲师编写了项目五，夏春荣副教授编写了项目四、项目六，并对全部书稿进行统稿和定稿。

在本书编写过程中，得到了江苏省无锡交通高等职业技术学校范次猛副教授、苏州港口集团刘建军高级工程师、无锡微研股份有限公司姚新飞技师的大力支持，以及江苏联合职业技术学院无锡交通分院机电系同仁们的帮助，在此一并表示衷心的感谢！

由于编者水平有限，书中难免有不妥之处，敬请读者批评指正并提出宝贵意见。编者联系方式：290973063@qq.com。

作　者

2017 年 12 月

# 目 录

项目一 组态软件应用技术先导知识学习 ........................................................... 1
  一、项目背景 ................................................................................................ 1
  二、学习目标 ................................................................................................ 1
  三、项目实施 ................................................................................................ 2
    任务一 学习组态及组态控制技术 ......................................................... 2
    任务二 认识常用组态软件和 MCGS 触摸屏 ......................................... 6
  四、项目评价 .............................................................................................. 13
  五、练习与思考 .......................................................................................... 14

项目二 认识 MCGS 组态软件 ...................................................................... 15
  一、项目背景 .............................................................................................. 15
  二、学习目标 .............................................................................................. 15
  三、项目实施 .............................................................................................. 16
    任务一 MCGS 组成与安装 .................................................................. 16
    任务二 MCGS 五大窗口介绍 .............................................................. 21
  四、项目评价 .............................................................................................. 33
  五、练习与思考 .......................................................................................... 34

项目三 应用 MCGS 实现储液罐水位自动监控 ............................................ 35
  一、项目背景 .............................................................................................. 35
  二、学习目标 .............................................................................................. 35
  三、项目分析 .............................................................................................. 36
  四、相关知识学习 ...................................................................................... 38
  五、项目实施 .............................................................................................. 45
  六、项目评价 .............................................................................................. 46
  七、练习与思考 .......................................................................................... 48

项目四 基于 MCGS 的交通信号灯监控系统 ................................................ 49
  一、项目背景 .............................................................................................. 49
  二、学习目标 .............................................................................................. 49
  三、项目分析 .............................................................................................. 50
  四、相关知识学习 ...................................................................................... 53

五、项目实施 ............................................................................................. 58

六、项目评价 ............................................................................................. 62

七、练习与思考 ......................................................................................... 64

**项目五　机械手物料自动搬运控制系统设计** ....................................... 65

一、项目背景 ............................................................................................. 65

二、学习目标 ............................................................................................. 65

三、项目分析 ............................................................................................. 66

四、相关知识学习 ..................................................................................... 68

五、项目实施 ............................................................................................. 85

六、项目评价 ............................................................................................. 88

七、练习与思考 ......................................................................................... 89

**项目六　职业技能大赛自动化生产线的安装与调试** ........................... 90

一、项目背景 ............................................................................................. 90

二、学习目标 ............................................................................................. 90

三、项目分析 ............................................................................................. 91

四、项目实施 ........................................................................................... 102

五、项目评价 ........................................................................................... 119

六、练习与思考 ....................................................................................... 120

**参考文献** ....................................................................................................... 122

# 项目一

# 组态软件应用技术先导知识学习

## 一、项目背景

随着工业自动化水平的迅速提高和计算机在工业领域的广泛应用，人们对工业自动化的要求越来越高，而种类繁多的控制设备和过程监控装置在工业领域的应用，使得传统的工业控制软件已无法满足用户的各种需求。通用工业自动化组态软件的应运而生，很好地解决了传统工业控制软件存在的种种问题，可满足用户的多种需求，从而达到自动化控制的效果。MCGS 嵌入式软件和 TPC 系列触摸屏得到广大主流工控硬件企业的认可，深受用户好评。

## 二、学习目标

### 1. 知识目标

(1) 理解并掌握组态与组态控制的概念。
(2) 了解组态软件的发展趋势及常用组态软件的特点。
(3) 了解 MCGS 的组成及特点。
(4) 熟悉 TPC 嵌入式触摸屏技术。

### 2. 能力目标

对组态与组态控制有一定的认识，并对 MCGS 的组成及特点有一定的了解。熟悉 TPC 嵌入式触摸屏通信、测试的方法。

### 3. 素养目标

培养学生综合职业能力，能够对所从事的工作承担责任，具备独立工作和自学能力以及团队合作、文献检索、口头表达、5S 管理素养等。

# 三、项目实施

# 任务一　学习组态及组态控制技术

 **任务要求**

寻找一项能够实现生产自动化的控制技术，该控制技术成熟，且能适应各种生产领域，满足各种需求；要求软件开发周期短，成本低；在环境或生产条件变换时，可以较容易地对控制环节进行修改，性价比高。

 **任务分析**

通用工业自动化组态软件是不错的选择，因为它能够很好地解决传统工业控制软件存在的种种问题，使用户能根据控制对象和控制目的的任意组态，完成最终的自动化控制工程。其技术较成熟，已经在多个行业中得到了广泛运用，如图 1-1 所示。

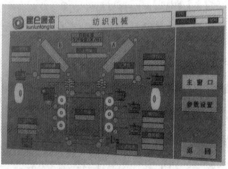

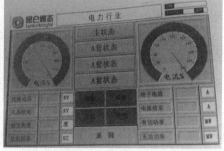

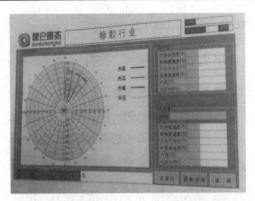

图 1-1　组态软件系统的应用

### 相关知识学习

　　组态的英文是"Configuration"，是用"应用软件"中提供的工具、方法，完成工程中某一具体任务的过程。

　　组态软件指用于数据采集与过程控制的专用软件，是面向监控与数据采集(SCADA，Supervisory Control And Date Acquisition)的自动控制系统监控层一级的软件平台和开发环境，能以灵活、多样的组态方式(而不是编程方式)提供良好的用户开发界面和简捷的使用方法，其预设置的各种软件模块可以非常容易地实现和完成监控层的各项功能，并能同时支持各种硬件厂家的计算机和 I/O 产品；组态软件与高可靠的工控计算机和网络系统结合，可向控制层和管理层提供软、硬件的全部接口，进行系统集成。

　　组态软件又称组态监控系统软件。组态软件的应用领域很广，可以应用于电力系统、给水系统、石油、化工等领域的数据采集与监视控制以及过程控制等诸多领域。在电力系统以及电气化铁道上，组态软件又称为远动系统(RTUS，

Remote Terminal Unit System)。

### 1. 组态软件的功能特点

(1) 功能多样。组态软件提供工业标准数学模型库和控制功能库，组态模式灵活，能满足用户所需的测控要求，还可以对测控信息的历史记录进行存储、显示、计算、分析、打印。其界面操作灵活、方便，具有双重安全体系，数据处理安全、可靠。

(2) 丰富的画面显示组态功能。组态软件提供给用户丰富、方便的常用编辑工具和作图工具，提供工业设备图符、仪表图符，还提供趋势图、历史曲线、组数据分析图等；提供十分友好的图形化用户界面，包括 Windows 风格的窗口、弹出菜单、按钮、消息区、工具栏、滚动条、监控画面等，画面丰富多彩，为设备的正常运行、操作人员的集中监控提供了极大的方便。

(3) 通信功能和良好的开放性。组态软件向下可以通过 WinteligentLINK、OPC、OFS 等与数据采集硬件通信；向上通过 TCP/IP、Ethernet 与高层管理网互联。

(4) 多任务的软件运行环境、数据库管理及资源共享。组态软件利用面向对象的技术和 ActiveX 动态链接库技术，丰富了控制系统的显示画面和编程环境，可方便、灵活地实现多任务操作。它利用 DDE(Dynamic Data Exchange)技术在 Windows 应用程序间进行数据交换，可实现本地控制单元与上位机之间数据和信息的共享，从而为用户提供更为集中的数据操作环境，实现信息集中管理，并向上层系统提供开放式数据库接口 ODBC。

### 2. 组态软件的发展趋势

组态软件是工业应用软件的一个组成部分，其发展受到很多因素的制约，但是应用的带动对其发展起着最为关键的推动作用。

未来，组态软件的发展将主要表现为如下一些特征：

(1) 开放性技术。组态软件正逐渐成为协作生产制造过程中不同阶段的核心系统，无论是用户还是硬件供应商都将组态软件作为制造范围内信息收集和集成的工具，这就要求组态软件大量采用"标准化技术"，以便将局部的功能进行互连，如 OPC、DDE、ActiveX 控件、COM/DCOM 等，从而使组态软件演变成软件平台，由单一的人机界面朝数据处理机方向发展，所管理的数据量越来越大。当软件功能不能满足用户特殊需要时，用户可以根据自己的需要进行二次开发。现在大部分自动化系统的硬件和软件不是由同一个厂商提供的，部分软件与硬件发生分离，不同厂家的软件也需要实现互联，这样就为组态软件的发展提供了可以充分发挥作用的舞台。

(2) 构造信息平台。实时数据库存储和检索的是连续变化的过程数据，现在越来越多的用户通过实时数据库来分析生产情况、汇总和统计生产数据，将其作为指挥、决策的依据。如何使实时历史数据进入企业信息管理系统，是现代信息工厂迫在眉睫的需求。组态软件正向着生产制造和管理的信息系统方向发展，成为构造企业信息平台的重要组成部分。组态软件将成为中间件，因为它既能满足企业工艺、控制、生产制造需求，又能完成现场历史数据的记录、存储及为企业信息管理系统提供生产实时数据。

(3) 根据用户需求大规模定制。如何站在用户的角度来设计软件是所有组态软件厂商都要面对的挑战。组态软件的专用系统所占比例日益提高。组态软件的灵活程度和使用效率是一对矛盾，虽然组态软件提供了很多灵活的技术手段，但是在多数情况下，用户只使用其中的一小部分，而使用方法的复杂化又给用户熟悉和掌握软件带来了很多不必要的麻烦。所以，个性化方案和服务在竞争中日益重要。随着现代工业"小批量、多品种"特征的形成，今后的组态软件将朝着针对特殊行业和生产过程的大规模定制方向发展，即用特殊定制的产品来代替标准化的产品。如北京三维力控科技有限公司(简称力控)针对电力输配电行业的特殊需求开发了"力控电力版"软件。

(4) 向更多的应用领域拓展和渗透。目前的组态软件均产生于过程工业自动化，其中的很多功能没有考虑其他应用领域的需求，例如化验分析、虚拟仪器、测试、信号处理等。这些领域大量地使用实时数据处理软件，而且需要人机界面，但是由于现有的组态软件为这些应用领域考虑得太少，不能充分满足系统的要求，因而目前在这些领域仍然是专用软件占统治地位。组态软件应该更多地总结这些领域的需求，设计出符合应用要求的开发工具，更好地满足这些行业对软件的需求，进一步减少这些行业在自动测试、数据分析方面的软件成本，提高系统的开放程度。

(5) 嵌入式应用进一步发展。在过去的十年间，工业 PC 及其相关的数据采集、监控系统硬件的销售额一直保持高额增长。工业 PC 的成长是因为软件开发工具丰富，比较容易上手；而用户接受工业 PC 的主要原因是一次性硬件成本得到了降低，但是后续的维护和升级费用明显高昂，经常带来一些间接损失。商品化嵌入式组态软件将有效地解决工业 PC 监控系统的工作效率、维护和升级等问题，彻底摆脱个人行为的束缚，使工业 PC 监控系统大踏步走入自动化系统高端市场。

(6) 未来技术走势。一种称为"软总线"的技术将被广泛采用。在这种体系结构下，应用软件以中间件或插件的方式被"安装"在总线上，并支持热插拔和即插即用。这样做的优点是：所有插件遵从统一标准，插件的专用性强，每个插件的开发人员之间不需要协调，一个插件出现故障不会影响其他插件的运行。XML(可扩展标记语言)技术将被组态软件厂商善加利用来改变现有的体系结构，它的推广也将改变现有组态软件的某些使用模式，以满足更为灵活的应用需求。运行时组态是组态软件新近提出的新的概念。运行时组态在运行环境下对已有工程进行修改，添加新的功能。它不同于在线组态，在线组态是在工程运行的同时，进入组态环境，在组态环境中对工程进行修改；而运行时组态在运行环境中直接修改工程。行业工程师可以在组态环境下构建其应用领域所需的模件，然后让专业技术人员运用自己熟知的构件在运行时搭建自己的应用。这样就使组态软件形成三级应用模式：软件工程师—行业工程师—专业技术人员。软件工程师注重的是给行业工程师提供灵活的手段，行业工程师构建模件，专业技术人员构建最终的应用。运行时组态改变了以往必须进入复杂的组态环境修改工程应用的历史，给组态软件带来了新的活力，并预示着组态软件新的发展方向。

# 任务二　认识常用组态软件和 MCGS 触摸屏

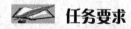 **任务要求**

完成一份调查报告，要求体现 MCGS 组态软件和触摸屏核心竞争力。

**任务分析**

(1) 了解市场上常用组态软件的特点。

(2) 了解 MCGS 组态软件和触摸屏的优势。

(3) 了解 MCGS 组态软件和触摸屏的功能及特点。

(4) 掌握 MCGS 组态软件和触摸屏相关通信技术。

## 相关知识学习

### 1．常用组态软件

随着工业控制系统应用的深入，管理信息系统(MIS，Management Information System)和计算机集成制造系统(CIMS，Computer Integrated Manufacturing System)的大量应用，要求工业现场为企业的生产、经营、决策提供更详细和深入的数据，以便优化企业生产经营中的各个环节。1990 年以后，组态软件在国内的应用逐渐得到了普及。

(1) In Touch。Wonderware 的 In Touch 软件是最早进入我国的组态软件。在 20 世纪 80 年代末 90 年代初，基于 Windows 3.1 的 In Touch 软件曾让我们耳目一新，并且 In Touch 提供了丰富的图库。但是，早期的 In Touch 软件采用 DDE 方式与驱动程序通信，性能较差；而 In Touch 7.0 版已经完全基于 32 位的 Windows 平台，并且提供了 OPC 支持。

(2) Fix。Intellution 公司以 Fix 组态软件起家，1995 年被爱默生收购，现在是爱默生集团的全资子公司。Fix 6.x 软件提供工控人员熟悉的概念和操作界面，并提供完备的驱动程序。Intellution 新的产品系列为 iFix，在 iFix 中，Intellution 提供了强大的组态功能，但新版本与以往的 6.x 版本并不完全兼容。原有的 Script 语言改为 VBA(Visual Basic for Application)，并且在内部集成了微软的 VBA 开发环境。在 iFix 中，Intellution 的产品与 Microsoft 的操作系统、网络进行了紧密的集成。

(3) 组态王。组态王是国内第一家较有影响的组态软件开发公司。组态王提供了资源管理器式的操作主界面，并且提供了以汉字作为关键字的脚本语言支持。组态王也提供多种硬件驱动程序。

(4) Force Control(力控)。北京三维力控科技有限公司的 Force Control(力控)也是国内较早就已经出现的组态软件之一。力控组态软件是在自动控制系统监控层一级的软件平台，它能同时和国内外各种工业控制厂家的设备进行网络通信，可以与高可靠的工控计算机和网络系统结合，以达到集中管理和监控的目的，同时还可以方便地向控制层和管理层提供软、硬件的全部接口，来实现与"第三方"的软、硬件系统的集成。

其他常见的组态软件还有 GE 的 Cimplicity、Rockwell 的 Rsview、Ni 的 Lookout、Pcsoft 的 Wizcon，它们也都各有特色。

本书所用的 MCGS 是北京昆仑通态自动化软件科技有限公司(简称北京昆仑通态或昆仑通态)研发的一套基于 Windows 平台的、用于快速构造和生成上位机监控系统的组态软件系统。MCGS 主要完成现场数据的采集与监测、前端数据的处理与控制，可运行于 Microsoft Windows 95/98/Me/NT/2000/XP 等操作系统。MCGS 组态软件包括三个版本，分别是网络版、通用版、嵌入版。它具有功能完善、操作简便、可视性好、可维护性强的突出特点。通过与其他相关的硬件设备结合，MCGS 可以快速、方便地开发各种用于现场采集、数据处理和控制的设备(如图 1-2 所示)。用户只需要通过简单的模块化组态就可构造自己的应用系统(如图 1-3 所示)，如可以灵活组态各种智能仪表、数据采集模块以及无纸记录仪、无人值守的现场采集站、人机界面等专用设备。

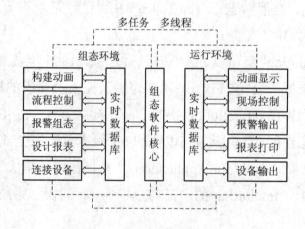

图 1-2　MCGS 组态软件的组成

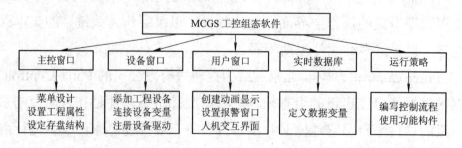

图 1-3　用户应用系统组成

## 2．MCGS 组态软件的功能及特点

(1) 全中文、可视化、面向窗口的组态开发界面，符合中国人的使用习惯和要求，真正的 32 位程序，可运行于 Microsoft Windows 95/98/Me/NT/2000 等多种操作系统。

(2) 庞大的标准图形库、完备的绘图工具以及丰富的多媒体支持，能够使用户快速地开发出集图像、声音、动画等于一体的漂亮、生动的工程画面。

(3) 全新的 ActiveX 动画构件，包括存盘数据处理、条件曲线、计划曲线、相对曲线、通用棒图等，能够更方便、更灵活地处理和显示生产数据。

(4) 支持目前绝大多数硬件设备，同时可以方便地定制各种设备驱动；此外，独特的组态环境调试功能与灵活的设备操作命令相结合，使硬件设备与软件系统间的配合天衣无缝。

(5) 简单易学的类 Basic 脚本语言与丰富的 MCGS 策略构件，能够使用户轻而易举地开发出复杂的流程控制系统。

(6) 强大的数据处理功能，能够对工业现场产生的数据以各种方式进行统计处理，使用户在第一时间获得有关现场情况的第一手数据。

(7) 方便的报警设置、丰富的报警类型、报警存储与应答、实时打印报警报表以及灵活的报警处理函数，能够使用户及时、准确地捕捉到任何报警信息。

(8) 完善的安全机制，允许用户自由设定菜单、按钮及退出系统的操作权限。此外，MCGS 5.1 还提供了工程密码、锁定软件狗、工程运行期限等功能，以保护组态开发者的成果。

(9) 强大的网络功能，支持 TCP/IP、Modem、485/422/232，以及各种无线网络和无线电台等多种网络体系结构。

(10) 良好的可扩充性，可通过 OPC、DDE、ODBC、ActiveX 等机制，方便地扩展 MCGS 5.1 组态软件的功能，并与其他组态软件、MIS 系统或自行开发的软件进行连接。

(11) 提供了 WWW 浏览功能，能够方便地实现生产现场控制与企业管理的集成。在整个企业范围内，只使用 IE 浏览器就可以在任意一台计算机上方便地浏览与生产现场一致的动画画面、实时和历史的生产信息，包括历史趋势、生产报表等，并提供完善的用户权限控制。

### 3. CGS 组态软件的工作方式

(1) 与设备进行通信。MCGS 通过设备驱动程序与外部设备进行数据交换。它包括数据采集和发送设备指令。设备驱动程序是由 VB、VC 程序设计语言编写的 DLL(动态链接库)文件。设备驱动程序中包含符合各种设备通信协议的处理程序，用于将设备运行状态的特征数据采集进来或发送出去。MCGS 负责在运行环境中调用相应的设备驱动程序，将数据传送到工程中的各个部分，完成整个系统的通信过程。每个驱动程序独占一个线程，以达到互不干扰的目的。

(2) 产生动画效果。MCGS 为每一种基本图形元素定义了不同的动画属性，如：一个长方形的动画属性有可见度、大小变化、水平移动等，每一种动画属性都会产生一定的动画效果。所谓动画属性，实际上是反映图形大小、颜色、位置、可见度、闪烁性等状态的特征参数。然而，在组态环境中生成的画面都是静止的，如何在工程运行中产生动画效果呢？方法是：图形的每一种动画属性中都有一个"表达式"设定栏，在该栏中设定一个与图形状态相联系的数据变量，连接到实时数据库中，以此建立相应的对应关系，MCGS 称之为动画连接。详见项目四相关内容。

(3) 实施远程多机监控。MCGS 提供了一套完善的网络机制，可通过 TCP/IP 网、Modem 网和串口网将多台计算机连接在一起，构成分布式网络监控系统，实现网络间的实时数据同步、历史数据同步和网络事件的快速传递。同时，可利用 MCGS 提供的网络功能，在工作站上直接对服务器中的数据库进行读/写操作。分布式网络监控系统中的每一台计算机都要安装一套 MCGS 工控组态软件。MCGS 把各种网络以父设备构件和子设备构件的形式供用户调用，并进行工作状态、端口号、工作站地址等属性参数的设置。

(4) 对工程运行流程实施有效控制。MCGS 开辟了专用的"运行策略"窗口，建立用户运行策略。MCGS 提供了丰富的功能构件供用户选用，通过构件配置和属性设置两项组态操作，生成各种功能模块(称为"用户策略")，使系统能够按照设定的顺序和条件，操作实时数据库，实现对动画窗口的任意切换，控制系统的运行流程和设备的工作状态。所有的操作均采用面向对象的直观方式，避免了烦琐的编程工作。

### 4．TPC7062K 触摸屏

嵌入式组态软件环境和模拟运行环境都可以在 PC 上实现。TPC 是北京昆仑通态自动化软件科技有限公司自主生产的嵌入式一体化触摸屏系列型号，其中的 TPC7062K 最具有代表性。

1）TPC7062K 的优势

(1) 高清：800×480 高分辨率，体验精致、自然、通透的高清盛宴。

(2) 真彩：65 535 色数字真彩，丰富的图形库，享受超顶级震撼画质。

(3) 可靠：抗干扰性能达到工业 III 级标准，采用 LED 背光源。

(4) 配置：ARM9 内核，400 MHz 主频，64 MB 内存，64 MB 存储空间。

(5) 软件：MCGS 全功能组态软件，支持 U 盘备份恢复，功能更强大。

(6) 环保：低功耗，整机功耗仅 6 W，发展绿色工业，倡导能源节约。

(7) 时尚：7 in 宽屏显示，超轻、超薄的机身设计，引领简约新时尚。

(8) 服务：立足中国，全方位、本土化服务，星级标准，用户至上。

2）TPC7062K 外观

TPC7062K 的外观如图 1-4 所示。

(a) 正视图　　　　　　　　　　　　　　　(b) 背视图

图 1-4　TPC7062K 外观

3）TPC7062K 接线

(1) 电源接线。电源 24 V "+" 端线插入 TPC 电源 1 端中，电源 24 V "−" 端线插入 TPC 电源 2 端中，使用一字旋具将插头螺钉旋紧。电源插口示意图如图 1-5 所示。

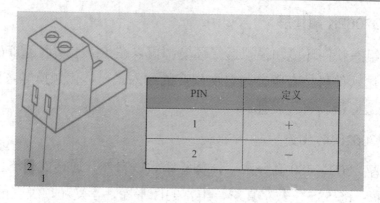

| PIN | 定义 |
|-----|------|
| 1 | + |
| 2 | − |

图 1-5 电源插口示意图

(2) 通信接线。TPC7062K 外部接口示意图如图 1-6 所示。

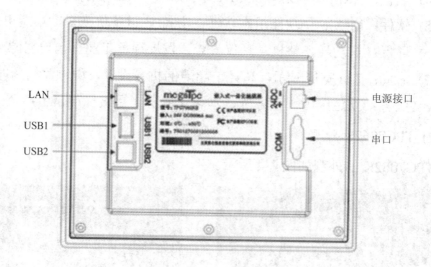

图 1-6 外部接口示意图

(3) TPC7062K 与三款主流 PLC 通信连线分别如图 1-7～图 1-9 所示。

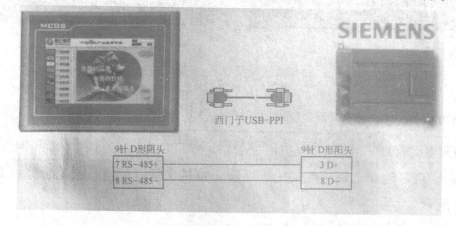

图 1-7 TPC7062K 与西门子 S7-200 系列 PLC 通信接线

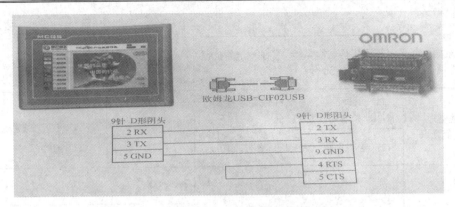

图 1-8　TPC7062K 与欧姆龙 PLC 通信接线

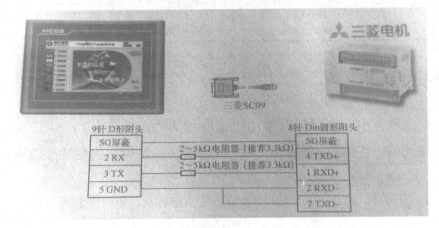

图 1-9　TPC7062K 与三菱 FX 系列 PLC 通信接线

# 四、项目评价

参照表 1-1 进行本项目的评价与总结。

表 1-1　项 目 评 价 表

| 评分表 | 工作形式 | | 他人评分 | 实际完成时间 | | |
|---|---|---|---|---|---|---|
| 学期 | □个人　□小组分工　□小组 | | □是　□不是 | | | |
| 评分内容 | 评分标准 | | 分数 | 学生评分 | 教师评分 | 得分 |
| 嵌入式组态和 TPC | (1) 收集市场触摸屏功能和性能的信息,进行比较。(10 分) | | 20 分 | | | |
| | (2) 了解嵌入式组态组成。(10 分) | | | | | |
| TPC 通信连接 | (1) 熟悉 TPC 的产品性能、外观、接线。(10 分) | | 30 分 | | | |
| | (2) 制作 TPC 与 PC、PLC 的通信线,操作检测 TPC 与 PLC 通信是否正常。(20 分) | | | | | |

| 关于 MCGS 的调查报告 | 要求报告结构完整,掌握一定的数据采集技巧。(30 分) | 30 分 | | | |
|---|---|---|---|---|---|
| 职业素质与安全意识 | (1) 工具、器材、导线等处理操作符合职业要求。(10 分) | 20 分 | | | |
| | (2) 遵守纪律、保持工位整洁。(10 分) | | | | |
| 总分 | | 学生签名:＿＿＿＿＿＿＿＿<br>教师签名:＿＿＿＿＿＿＿＿<br>日　　期:＿＿＿＿＿＿＿＿ | | | |

## 五、练习与思考

(1) 组态软件的发展趋势及常用组态软件的特点是什么?

(2) 与其他组态软件比较,MCGS 组态软件和触摸屏的优势在哪里?

# 项目二

# 认识 MCGS 组态软件

## 一、项目背景

组态软件是上位机软件的一种，又称为组态监控软件。通过组态软件，可以实现硬件与软件的对接，实现数据采集与过程控制。它具有较好的开发环境和灵活的组态方式，通过计算机信息对自动化设备或过程进行监视、控制和管理，为用户提供快速构建系统监控功能的、通用层次的软件工具，其广泛应用于电力系统、给水系统等。

## 二、学习目标

### 1. 知识目标

(1) 理解 MCGS 组态软件的概念。

(2) 掌握 MCGS 组态软件的基本组成。

(3) 掌握 MCGS 组态软件安装及与计算机的通信。

(4) 掌握 MCGS 组态软件各个窗口的功能作用。

### 2. 能力目标

(1) 能安装通用版 MCGS 组态软件。

(2) 了解 MCGS 组态软件的基本组成，掌握其安装方法。

(3) 了解 MCGS 组态软件各个窗口的功能，熟悉工具箱的使用，会制作简单的 MCGS 组态程序。

### 3. 素养目标

(1) 培养学生信息收集能力和动手实践能力。

(2) 能够对所使用的对象进行了解。

(3) 具备独立工作和自学能力以及团队合作、文献检索、口头表达、5S 管理素养等。

## 三、项目实施

## 任务一　MCGS 组成与安装

**任务要求**

本任务要求能了解企业生产中常见的组态软件，通过网络、图书馆查询等形式，了解 MCGS 的组成，掌握其软件的下载、安装环境的要求及安装方法。

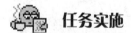

**任务实施**

常见的国外组态软件有 In Touch、I Fix、WinCC、世纪星、组态王和 MCGS，如图 2-1 所示。

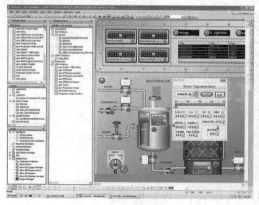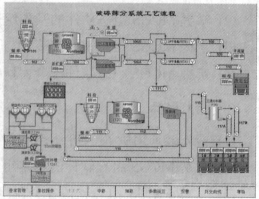

图 2-1　常见的组态软件界面(1)

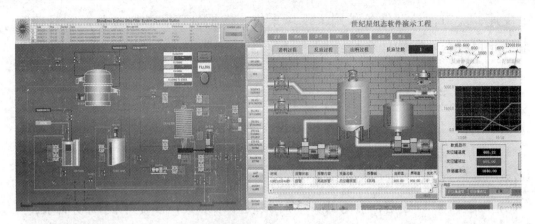

图 2-1　常见的组态软件界面(2)

　　MCGS 嵌入版目前最高版本为 7.7，兼容 Win7-64 位和 Win10-64 位系统，在 TPC7062TX 中预装了 MCGS 嵌入式组态软件(运行版)，具备强大的图像显示和数据处理功能。该软件官方提供免费下载，可直接在"北京昆仑通态自动化软件科技有限公司"(http://www.mcgs.com.cn)网站首页下载中心下载。下载完成后，双击压缩包中的 setup.exe，可直接安装至电脑中。

### ✎ 相关知识学习

#### 1. MCGS 的组成

1) MCGS 嵌入版

　　MCGS7.7 嵌入版组态软件是北京昆仑通态数十位软件开发精英，历时一年多辛勤耕耘的结晶。MCGS7.7 嵌入版组态软件与其他相关的硬件设备结合，可以更快速、更方便地开发各种用于现场采集、数据处理和控制设备，并且兼容全系列北京昆仑通态硬件产品。

(1) 免费：超强功能的无限点组态软件免费用。

(2) 兼容：7.7 软件向下兼容，支持全系列产品，兼容 Win7-64 位系统。

(3) 低耗：应用于嵌入式计算机，仅占 16 MB 系统内存。

(4) 通信：支持串口、网口等多种通信方式，支持 MPI 直连、PPI187.5 k/s。

(5) 驱动：提供了常用 800 多种设备的驱动。

(6) 报表：多种数据存盘方式，多样报表显示形式，满足不同现场需求。

(7) 曲线：支持实时、历史、计划等多种曲线形式，同时历史曲线的显示性能提升了 10 倍。

(8) 动画：可实现逼真的动画效果，同时支持 JPG、BMP 图片，满足对容量和画质的不同需求。

(9) 配方：配方名称支持中文，任意读与写，支持配方导入与导出，在线操作。

(10) 下载：支持高速网络在线下载，支持 U 盘离线更新工程。

(11) 安全：可设置工程密码、操作权限密码、运行期限等安全机制。

(12) 简化：新增公共窗口，去除双击功能，简化组态流程。

(13) 开放：用户可以自己编写驱动程序、应用程序，支持个性化定制，内置打印机功能。

(14) 稳定：优化启动属性，内置看门狗，易使用，可在各种恶劣环境下长期稳定运行。

(15) 功能：提供中断处理，定时扫描可达毫秒级，提供对 mcgsTpc 串口、内存、端口的访问。

(16) 存储：高压缩比的数据压缩方式，保证数据完整性，铁电存储初值，100 亿次以上擦写。

2) MCGS 通用版

MCGS 通用版 6.2 是北京昆仑通态数十位软件开发精英，历时整整一年时间辛勤耕耘的结晶，MCGS 通用版 6.2 无论在界面的友好性、内部功能的强大性、系统的可扩充性、用户的使用性以及设计理念上都有一个质的飞跃，是国内组态软件行业划时代的产品，必将带领国内的组态软件上一个新的台阶。

MCGS 通用版 6.2 的功能特点：

(1) 全中文可视化组态软件，简洁、大方，使用方便、灵活。

(2) 完善的中文在线帮助系统和多媒体教程。

(3) 真正的 32 位程序，支持多任务、多线程，运行于 Win95/98/NT/2000 平台。

(4) 提供近百种绘图工具和基本图符，快速构造图形界面。

(5) 支持数据采集板卡、智能模块、智能仪表、PLC、变频器、网络设备等 700 多种国内外众多常用设备。

(6) 支持温控曲线、计划曲线、实时曲线、历史曲线、X-Y 曲线等多种工控曲线。

(7) 支持 ODBC 接口，可与 SQL Server、Oracle、Access 等关系型数据库互联。

(8) 支持 OPC 接口、DDE 接口和 OLE 技术，可方便的与其他各种程序和设备互联。

(9) 提供渐进色、旋转动画、透明位图、流动块等多种动画方式，可以达到良好的动画效果。

(10) 上千个精美的图库元件，保证快速的构建精美的动画效果。

(11) 功能强大的网络数据同步、网络数据库同步构建，保证多个系统完美结合。

(12) 完善的网络体系结构，可以支持最新流行的各种通信方式，包括电话通信网、宽带通信网、ISDN 通信网、GPRS 通信网和无线通信网。

3) MCGS 网络版

(1) 良好的结构：先进的 C/S(客户端/服务器)结构。

(2) 简单的操作：客户端只需要使用标准的 IE 浏览器就可以实现对服务器的浏览和控制。

(3) 良好性价比：整个网络系统只需一套网络版软件(包括通用版所有功能)，客户端不需装 MCGS 的任何软件，即可完成整个网络监控系统。

(4) 方便的使用：MCGS 网络版服务器不要安装其他任何辅助软件，客户操作起来得心应手。

(5) 强大的功能：MCGS 网络版提供的网络 ActiveX 控件，可以方便地在其他各种应用程序中直接调用。

(6) 方便的升级：MCGS 嵌入版、通用版、网络版可以无缝连接，节省大量的开发和调试时间。

(7) 多种网络形式：MCGS 网络版支持局域网、广域网、企业专线和 Modem 拨号等多种连接方式，实现企业范围和距离的扩充。

### 2．MCGS 软件的下载

在浏览器中打开网页 http://www.mcgs.com.cn，在首页中点击下载中心。点击 MCGS_嵌入版 7.7(01.0001)完整安装包右端的下载按钮 ⬇，并保存，如图 2-2 所示。

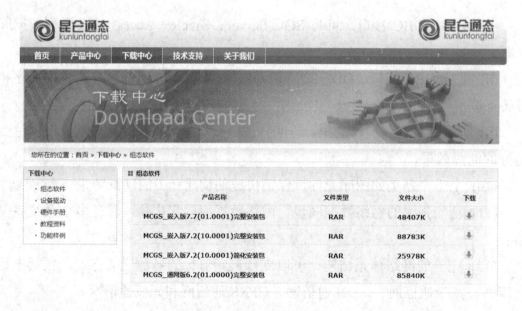

图 2-2　MCGS 网络下载中心

下载得到一个压缩包，将其打开后显示文件名为"MCGS 安装包_7.7.1.1_V1.4"，即为 MCGS 嵌入式 7.7 完整版安装包。

### 3．MCGS 的安装

(1) 双击下载的软件安装压缩包中的"setup.exe"，进入软件安装界面。

(2) 软件默认安装路径为 D:\MCGSE，单击"下一步"进入安装。

(3) 在安装过程中，在弹出的"MCGS 嵌入版驱动安装"中默认选择所有驱动，如图 2-3 所示。

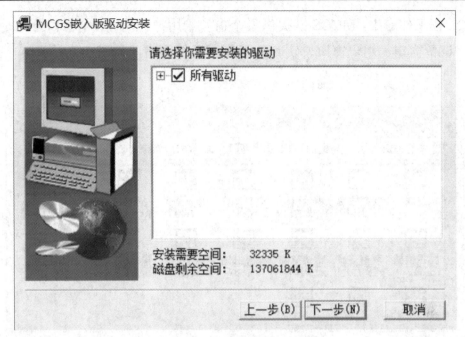

图 2-3  MCGS 安装中驱动选择

(4) 安装完成后，桌面显示 MCGS 软件组态环境和模拟运行环境两个图标

(  和 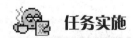 )，表示安装成功。

(5) 若安装不成功，则可卸载现有 MCGS 程序，再重新安装。

## 任务二  MCGS 五大窗口介绍

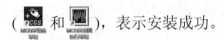 **任务要求**

通过初步接触 MCGS 软件，了解该软件五大窗口及其功能，能熟练地对这些窗口进行操作，并能通过工具箱等完成 PLC 与 MCGS 的通信。设计一个利用按钮对灯启/停的控制系统。

**任务实施**

(1) MCGS 可通过桌面快捷方式或开始菜单中快捷方式启动，打开后可以看到系统预装的"行业演示工程"。

(2) 在工作台中，MCGS 共提供五个窗口给用户使用。五个窗口分别是主控窗口、设备窗口、用户窗口、实时数据库、运行策略，如图 2-4 所示。

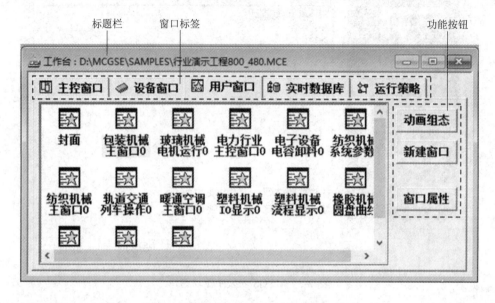

图 2-4　MCGS 五大窗口

(3) 依次单击上述窗口，即可进入相应窗口，在窗口的右侧分别设置有该窗口功能按钮。

① 标题栏：显示"MCGS 组态环境-工作台"标题、工程文件名称和所在的目录。

② 窗口标签：用于切换各个窗口。

③ 功能按钮：用于对窗口中对象进行功能设置。

## 相关知识学习

### 1. MCGS 工程的构成

MCGS 工程由主控窗口、设备窗口、用户窗口、实时数据库和运行策略五部分构成。

(1) 主控窗口。主控窗口是工程的主窗口。在主控窗口中可以放置一个设备窗口和多个用户窗口，负责调度和管理这些窗口的打开或关闭。主要的组态操作包括定义工程的名称、编制工程菜单、设计封面图形、确定自动启动的窗口、设定动画刷新周期、制定数据库存盘文件名称及存盘时间等，如图 2-5 所示。

主控窗口属性设置

| 基本属性 | 启动属性 | 内存属性 | 系统参数 | 存盘参数 |

窗口标题　组态工程

窗口名称　主控窗口　　　　封面显示时间　5

菜单设置　没有菜单　　　　系统运行权限　权限设置

封面窗口　封面　　　　　　进入不登录，退出不登录

☐ 不显示标题栏　　　　　　☐ 不显示最大最小化按钮

窗口内容注释

检查(K)　确认(Y)　取消(C)　帮助(H)

图 2-5　MCGS 主控窗口属性设置

(2) 设备窗口。设备窗口是连接和驱动外部设备的工作环境。在本窗口内配置数据采集与控制设备、注册设备驱动程序(如图 2-6 所示)、定义连接与驱动设备用的数据变量(如图 2-7 所示)。

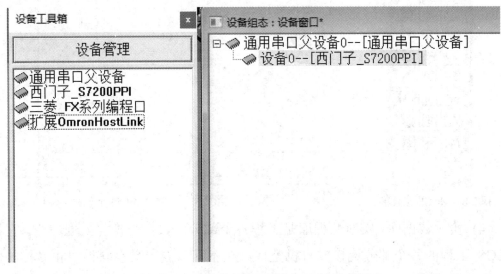

设备工具箱

设备管理

通用串口父设备
西门子_S7200PPI
三菱 FX系列编程口
扩展OmronHostLink

设备组态：设备窗口*

通用串口父设备0--[通用串口父设备]
　　设备0--[西门子_S7200PPI]

图 2-6　MCGS 设备管理及设备驱动程序设置

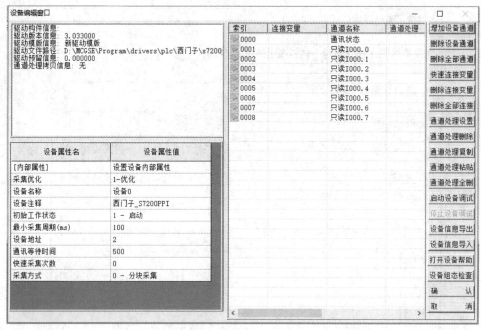

图 2-7　MCGS 定义连接变量

(3) 用户窗口。用户窗口主要用于设置工程中人机交互的界面，如生成各种动画显示画面、报警输出、数据与曲线图标等，参见图 2-8 和图 2-9。

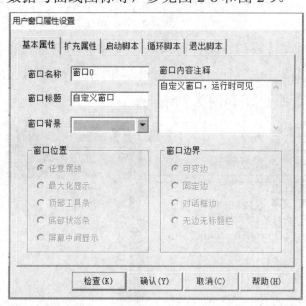

图 2-8　MCGS 工具箱　　　　　　　图 2-9　MCGS 用户窗口属性设置

(4) 实时数据库。实时数据库是工程各个部分的数据交换与处理中心，它将 MCGS 工程的各个部分连接成有机整体。在本窗口内定义不同类型和名称的变量，作为数据采集、处理、输出控制、动画连接及设备驱动的对象，参见图 2-10。

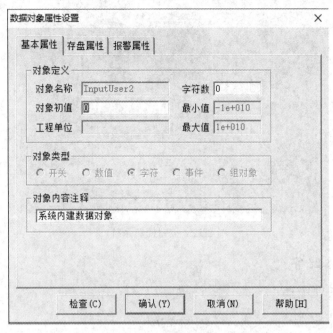

图 2-10　MCGS 数据对象属性设置

(5) 运行策略。本窗口主要完成工程流程的控制。它包括编写控制程序、选用各种功能构建，如数据提取、历史曲线、定时器、配方操作、多媒体输出等，参见图 2-11。

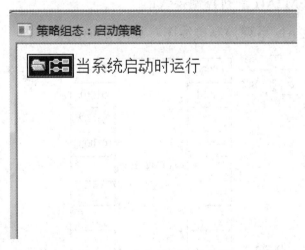

图 2-11　MCGS 策略组态设置

## 2. 按钮控制系统设计

### 1) 按钮指示灯控制系统要求

按钮指示灯控制系统由启动按钮、停止按钮和指示灯组成，如图 2-12 所示。

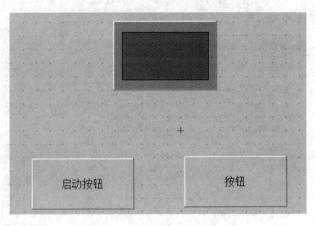

图 2-12　按钮控制系统

2) 实训基本配备

• 按钮指示灯模块　　　　　一套/人
• 24 V 直流电源　　　　　　一台/人
• RS232 转接头及传输线　　一根/人
• MCGS 软件　　　　　　　一台/人
• 欧姆龙 CPM2AH 系列 PLC　一台/人

3) 欧姆龙 CPM2AH 系列控制接线图

欧姆龙 CPM2AH 系列控制接线图参见图 2-13。

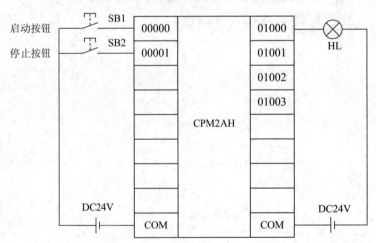

图 2-13　欧姆龙 CPM2AH 系列控制接线图

在系统设计中，启动按钮 SB1 接 PLC 的 0.00，停止按钮接 PLC 的 0.01，指示灯输出接 PLC 的 10.00。

4) 按钮控制系统的组成及控制原理

按下启动按钮 SB1 后，接在 PLC 上指示灯亮，同时 MCGS 组态界面的指示灯点亮；按下停止按钮 SB2 后，接在 PLC 上指示灯熄灭，同时 MCGS 组态界面的指示灯熄灭。在组态 MCGS 组态界面中，按下启动按钮后，接在 PLC 上指示灯亮，同时 MCGS 组态界面的指示灯点亮；按下停止按钮后，接在 PLC 上指示灯熄灭，同时 MCGS 组态界面的指示灯熄灭。

5) 指示灯按钮系统 PLC 控制程序

按钮控制系统 PLC 控制程序如图 2-14 所示。

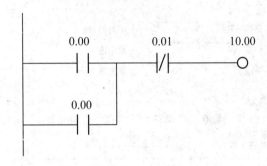

图 2-14　按钮控制系统 PLC 控制程序

6) 按钮指示灯控制系统的组态制作

(1) 新建工程。

① 打开 MCGS 组态软件。

② 新建工程。选择"文件"→"新建工程"菜单项，新建 MCGS 工程。

③ 工程命名。将工程以"按钮控制系统.MCG"文件名保存。

(2) 数据库组态。

数据库是 MCGS 系统的核心，也是应用系统的数据处理中心。该系统各部分均以实时数据库为数据公用区，进行数据交换、数据处理和数据监控。根据控制需求，对按钮指示灯控制系统数据库规划如表 2-1 所示。

表 2-1　按钮指示灯控制系统数据库规划

| 变量名 | 类型 | 注释 |
| --- | --- | --- |
| 启动按钮 | 开关型 | 启动 |
| 停止按钮 | 开关型 | 停止 |
| 指示灯 | 开关型 | 指示灯 |

定义对象：

① 单击"实时数据库"标签，进入实时数据库。

② 单击"新增对象"按钮，系统默认建立"Data1"数值型对象，双击进入属性设置。

③ 将对象名称修改为"启动按钮"，对象类型为"开关"，对象内容注释为"启动"，如图 2-15 所示，然后单击"确定"按钮。

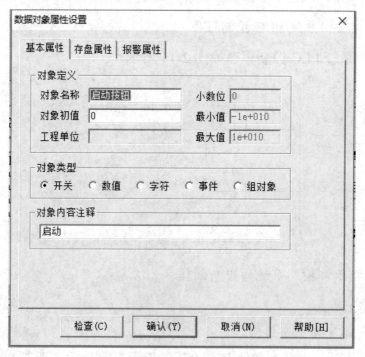

图 2-15　数据对象属性设置

按照上述步骤依次创建数据对象，如图 2-16 所示。

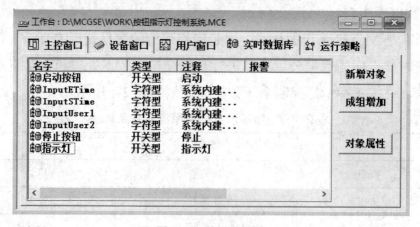

图 2-16　数据库规划

(3) 设备组态。

① 在"设备窗口"中,双击工作区的"设备窗口"。

② 在"设备工具箱"中,依次单击"通用串口父设备"和"设备 1—[扩展 OmronHostLink]"添加设备,如图 2-17 所示。

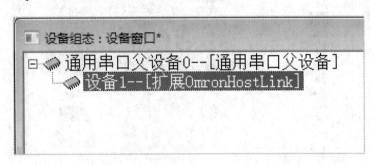

图 2-17 按钮指示灯控制系统设备组态窗口

③ 双击"设备 1—[扩展 OmronHostLink]"进行设备属性设置,如图 2-18 所示。

| 索引 | 连接变量 | 通道名称 | 通道处理 | 增加设备通道 |
|------|---------|---------|---------|------|
| 0000 | | 通讯状态 | | 删除设备通道 |
| 0001 | 启动按钮 | 读写IR0000.00 | | 删除全部通道 |
| 0002 | 停止按钮 | 读写IR0000.01 | | 快速连接变量 |
| 0003 | 指示灯 | 读写IR0010.00 | | 删除连接变量 |
| | | | | 删除全部连接 |
| | | | | 通道处理设置 |

图 2-18 按钮指示灯系统 PLC 属性设置

(4) 用户组态窗口。

① 在"用户窗口"窗口中,单击"新建窗口"。(在窗口属性对话框中可以对窗口的属性进行设置。)

② 双击新建的窗口,打开组态监控界面。

③ 单击 ✕,打开"工具箱";单点击"工具箱"中 ▤ 按钮,在指示灯栏目中找到"指示灯 6",如图 2-19 所示。插入指示灯后,对其单元属性进行设置,如图 2-20 所示。

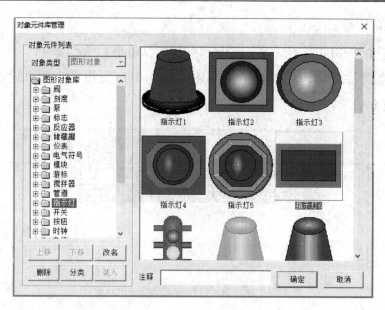

图 2-19　按钮指示灯的添加

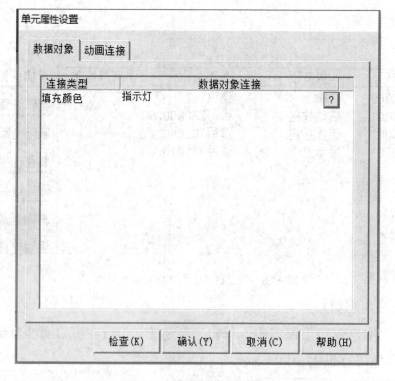

图 2-20　指示灯单元属性设置

④ 单击 ⅃ 按钮，依次绘制启动(或停止)按钮，并对其设置属性，分别如图 2-21 和图 2-22 所示。

图 2-21　按钮构建基本属性设置

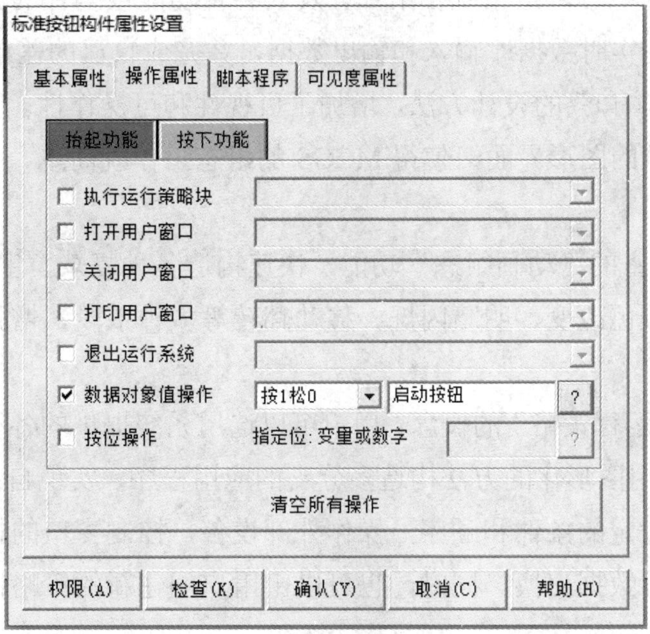

图 2-22　按钮构建操作属性设置

(5) 连接调试。

① 连接 PLC 与 MCGS，设置参数，使其通信正常。

② 将 MCGS 组态程序下载到 MCGS 中，并单击"启动运行"。

③ 完成 PLC 及 NCGS 外部接线的连接。

④ 运行 PLC 程序，分别按下 SB1、SB2 和启动按钮、停止按钮，观察 PLC 数据和 MCGS 组态中指示灯状态的变化。

### 3. MCGS 组态软件的功能和特点

(1) 概念简单，易于理解和使用。普通工程人员经过短时间的培训就能正确掌握 MCGS 组态软件，快速完成多数简单工程项目的监控程序设计和运行操作。

(2) 功能齐全，便于方案设计。MCGS 为解决工程监控问题提供了丰富多彩的手段，从设备驱动到数据处理、报警处理、流程控制、动画显示、报表输出、曲线显示等各个环节，均有丰富的功能组件和常用图形库可供选用。

(3) 实时性与并行处理。MCGS 充分利用了 Windows 操作平台的多任务，按优先级分时操作的功能，使 PC 广泛应用于工程测控领域的设想成为可能。

(4) 建立数据库，便于用户分步组态，保证系统可靠运行。保证系统安全、可靠运行。在 MCGS 组态软件中，实时数据库是整个系统的核心。实时数据库是一个数据处理中心，是系统各个部分及其各种功能性构件的公用数据区。各个部件独立地向实时数据库输入和输出数据，并完成自己的差错控制。

(5) "面向窗口"的设计方法，增加了可视性和可操作性。以窗口为单位构造用户运行系统的图形界面，使得 MCGS 的组态工作既简单、直观，又灵活、多变。

(6) 利用丰富的"动画组态"功能，快速构造各种复杂、生动的动态画面。用大小变化、颜色改变、明暗闪烁、移动翻转等多种手段，增强画面的动态显示效果。

(7) 引入"运行策略"的概念。用户可以选用系统提供的各种条件和功能的"策略构件"，用图形化的方法构造多分支的应用程序，实现自由、精确控制运行流程，按照设定的条件和顺序，操作外部设备，控制窗口的打开或关闭，与实时数据库进行数据交换。同时，也可以由用户创建新的策略构件，扩展系统的功能。

### 4. MCGS 组建工程的一般过程

(1) 工程项目系统分析。分析工程项目的系统构成、技术要求和工艺流程等，分析工程汇总的数据采集通道与软件中实时数据库变量的对应关系。

(2) 工程立项搭建框架。在 MCGS 组态环境中建立由五部分构成的工程结构框架。

(3) 设计菜单基本体系。首先搭建菜单的框架，在对各级菜单命令进行功能组态，可根据实际需要对菜单内容进行增加与删除。

(4) 制作动画显示画面。通过组态软件中提供的基本图形元素及动画构建库，在用户窗口中进行"画画"，并根据实际需要进行动画属性和变量的连接。

(5) 编写控制流程程序。由运行策略窗口内，从策略构建箱中选择所需功能策略构建，构成各种功能模块，由这些模块实现各种人机交互操作。

(6) 编写调试程序。利用调试程序产生的模拟数据，检查动画显示和控制流程是否正确。

(7) 连接设备。连接设备，确定数据变量的数据处理方式，完成设备属性设置。

(8) 综合测试。测试工程各部分工作情况，完成工程的组态工作。

## 四、项目评价

参照表 2-2 进行本项目的评价与总结。

### 表 2-2　项 目 评 价 表

| 评分表 | 工 作 形 式 | | 他人评分 | 实际完成时间 | | |
|---|---|---|---|---|---|---|
| 学期 | □个人　□小组分工　□小组 | | □是　□不是 | | | |
| 评分内容 | 评分标准 | | 分数 | 学生评分 | 教师评分 | 得分 |
| MCGS 认知 | (1) 了解 MCGS 组成。(15 分) | | 35 分 | | | |
| | (2) 会下载安装 MCGS 软件。(20 分) | | | | | |
| MCGS 窗口操作 | (1) 会进行 MCGS 各个窗口操作。(10 分) | | 65 分 | | | |
| | (2) 会建立工程，设置窗口属性。(10 分) | | | | | |
| | (3) 熟悉 MCGS 各个窗口的功能。(15 分) | | | | | |
| | (4) 熟悉 MCGS 的构建工程步骤。(15 分) | | | | | |
| | (5) 能设置通信参数，实现与 PLC、PC 端的通信。(15 分) | | | | | |
| 灯启动/停止控制 | 会绘制按钮等，进行属性设置。(10 分) | | 10 分 | | | |
| 考核时间 30 分钟 | 每超时 10 分钟扣 5 分 | | | | | |
| 总　　分 | | | 学生签名：_____ 教师签名：_____ 日　期： | | | |

## 五、练习与思考

(1) MCGS 组成有哪些？如何选择合适的 MCGS？

(2) 在连接时，PLC 与 MCGS 无法通信该如何操作？

# 项目三

# 应用 MCGS 实现储液罐水位自动监控

## 一、项目背景

随着工业自动化水平的迅速提高，计算机在工业领域的广泛应用，人们对工业自动化的要求越来越高，稳定、可靠、自动化程度高、具有过程监控的供水系统越来越受到用户的关注。具体自动控制水位高度和报警功能是衡量自动供水可靠、稳定的重要指标，为了有效提高储液罐水位监控系统的稳定性，克服以往系统中自动化程度低、故障率高的缺点，基于 PLC 和 MCGS 组态软件设计了储液罐水位监控系统的自动控制系统，从而解决了储液罐运行过程中状态监控的问题。

## 二、学习目标

### 1. 知识目标

(1) 掌握 MCGS 通用版的操作，完成储液罐水位监控系统工程分析及变量定义。

(2) 掌握系统界面设计，完成数据对象定义及动画连接。

(3) 掌握设备与变量连接方法，完成简单脚本程序编写及报警显示。

### 2. 能力目标

(1) 能应用通用版 MCGS 组态软件完成储液罐水位监控系统的画面绘制、参数设定、变量连接。

(2) 能与 PLC 连接，进行项目仿真运行。

### 3. 素养目标

(1) 培养学生综合职业能力，能够对所从事的工作承担责任。

(2) 具备一定的自学能力，加强团队合作。

(3) 学会文献检索的基本方法，具有 5S 管理的基本素养等。

# 三、项目分析

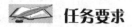 **任务要求**

进水阀控制储液罐的水位，出水阀控制主液箱的水位，排气阀用于保持储液罐内的压强与外界压强一致，储液罐与主液箱设置的最大水位值为 100。当储液罐水位小于 100 时，出水阀打开，储液罐液位增加，直到水位达到 100 为止；当主液箱水位小于 100 并且储液罐液位不等于 0 时，出水阀打开，主液箱水位增加，储液罐液位减少；当主液箱水位小于 100 时，出水阀打开，主液箱液位增加，直到水位达到 100 为止；当用户打开水龙头时，主液箱液位减少，出水阀打开，储液罐液位减少，进水阀打开，储液罐液位增加。当进水阀打开时，排气阀也打开以保证罐体内外压强一致，如此循环。储液罐水位监控系统如图 3-1 所示。

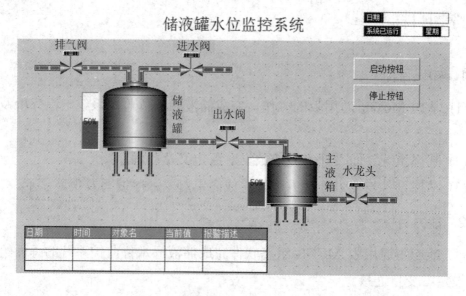

图 3-1　储液罐水位监控系统示意图

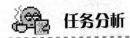

## 任务分析

储液罐水位监控系统设有储液箱和主液箱，设定有排气阀、进水阀、出水阀、和水龙头。其中，水龙头为人为控制，其余为 PLC 控制。

### 1. 总体结构

储液罐水位监控系统硬件结构如图 3-2 所示。

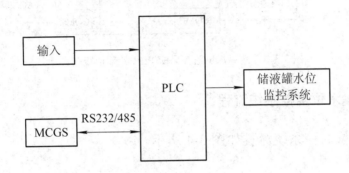

图 3-2　储液罐水位监控系统硬件结构示意图

### 2. PLC I/O 分配表的设计

储液罐水位监控系统输入/输出地址分配如表 3-1 所示。

表 3-1　储液罐水位监控系统输入/输出地址分配

| 输入点地址 | 功能 | 输出点地址 | 功能 |
| --- | --- | --- | --- |
| 00000 | 启动按钮 | 01000 | 出水阀 |
| 00001 | 停止按钮 | 01001 | 进水阀 |
| 00002 | 水龙头 | 01002 | 排气阀 |

### 3. PLC 外部接线图的设计

储液罐水位监控系统 PLC 外部接线图的设计如图 3-3 所示。

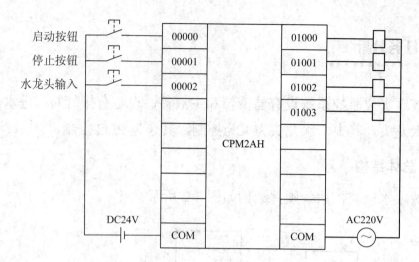

图 3-3　储液罐水位监控系统 PLC 外部接线图设计

## 4. 储液罐水位监控系统流程

储液罐水位监控系统流程如图 3-4 所示。

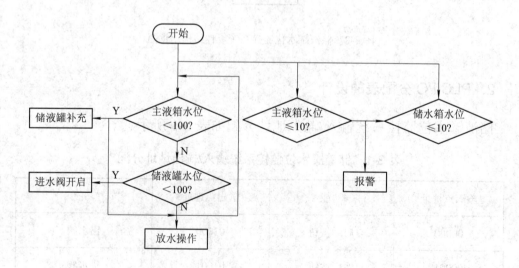

图 3-4　储液罐水位监控系统流程图

# 四、相关知识学习

## 1. 组态定义数据对象

组态定义数据对象如表 3-2 所示。

表 3-2　数据对象分配表

| 对象名称 | 类型 | 注释 |
| --- | --- | --- |
| 启动 | 开关型 | 启动按钮 |
| 停止 | 开关型 | 停止按钮 |
| Q1 | 开关型 | 出水阀 |
| Q2 | 开关型 | 进水阀 |
| Q3 | 开关型 | 排气阀 |
| Q4 | 开关型 | 水龙头 |
| a | 数值型 | 存放主水箱当前值 |
| b | 数值型 | 存放储水箱当前值 |

## 2．制作工程画面

1）新建工程

(1) 打开软件后新建工程，在 TPC 窗口中将类型选择为 TPC7062TX，单击"确定"按钮。

(2) 在用户窗口中新建窗口，并右键属性，将窗口更名为"储液罐水位监控系统"，如图 3-5 所示。

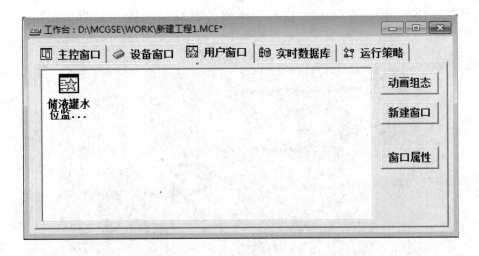

图 3-5　新建窗口

2) 编辑画面

(1) 选中"储液罐水位监控系统"窗口，单击"动画组态"，进入动画组态窗口，开始编辑画面。

(2) 单击工具条中的"工具箱"按钮，打开绘图工具箱。

(3) 选择"工具箱"内的"标签"按钮，鼠标的光标呈"十字"形，在窗口中拉出四个矩形并双击矩形框打开属性栏填充颜色。

(4) 单击绘图工具箱中的"插入元件"图标，弹出"对象元件管理"对话框，从对象元件管理对话框中选择"储藏罐"和"阀"并放到合适位置，如图 3-6 所示。

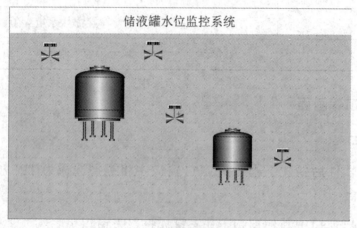

图 3-6　插入元件

(5) 单击工具箱中的"流动块"绘制流动块，并调整好相应的位置。双击绘制的"流动块"，可以在"基本属性"中修改其显示属性，如图 3-7 所示。

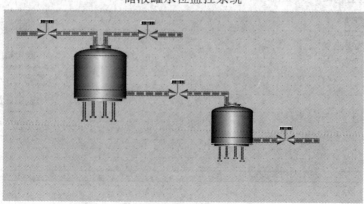

图 3-7　绘制流动块

(6) 单击工具箱中的"百分比填充"，绘制主水箱和储水箱的百分比，再双击设置其属性，如图 3-8 所示。最后单击"确认"按钮。

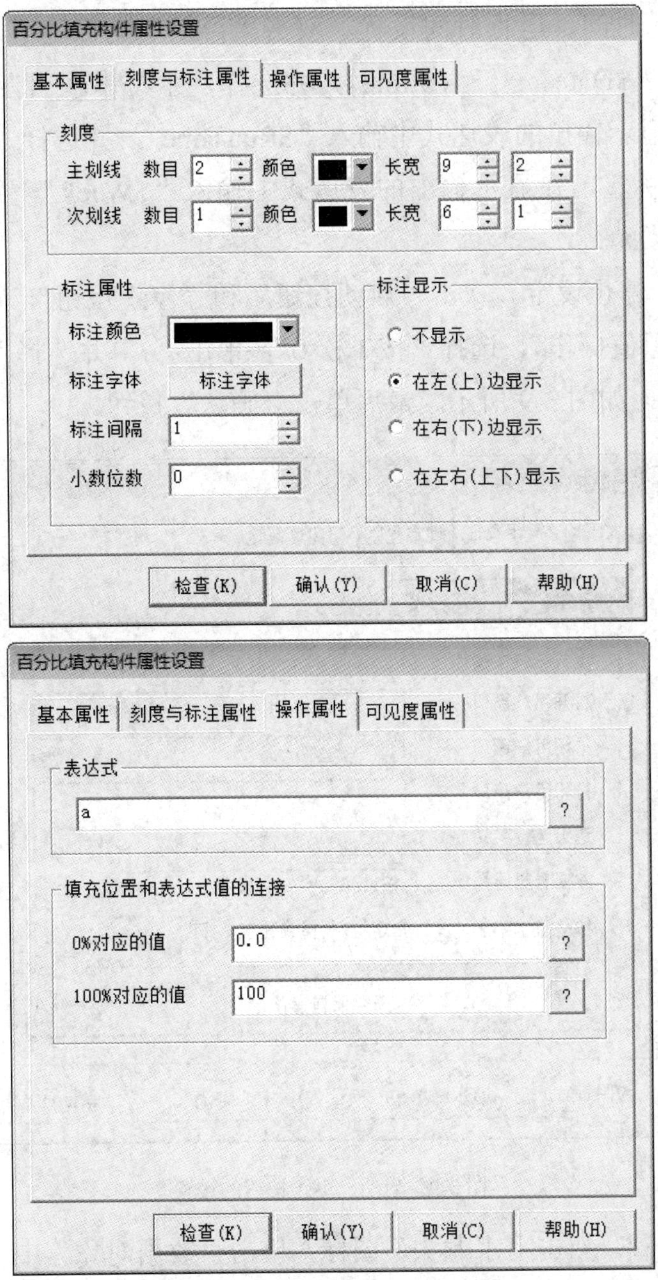

图 3-8 绘制流动块并设置属性

(7) 在工具箱中单击"标准按钮"绘制开始按钮和停止按钮。

(8) 在工具箱中单击"标签"按钮绘制标签显示，可分别显示日期、时间、运行时间、星期。

(9) 在工具箱中单击"报警浏览"，绘制报警浏览，其效果如图 3-1 所示。

3) 动画连接

(1) 日期、时间、运行时间设置。双击"日期"的标签框，在显示输出的表达式中输入"$Date+ ' ' +$time"，并选择"字符串输出"；双击"运行时间"标签，在显示输出的表达式中输入"$RunTime"，并选择"数值量输出"；双击"星期"标签，在显示输出的表达式中输入"$Week"，并选择"数值量输出"。

(2) 启动、停止设定。双击"启动按钮"和"停止按钮"，在操作属性中，勾选"数据对象值操作"，选择"按 1 松 0"，单击"?"并选择"启动"(停止按钮则选择停止)，如图 3-9 所示。最后单击"确认"按钮。

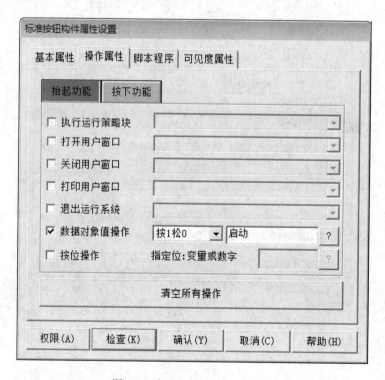

图 3-9　启动、停止按钮的设置

(3) 阀的设置。双击"水龙头"图标，单击"数据对象"中"填充颜色"的"?"，选择"Q4"；按钮输入的"?"选择"Q4"，效果如图 3-10 所示，然后单击"确认"按钮。其余三个阀可根据数据对象表进行分配，分别设置为 Q1、Q2、Q3。

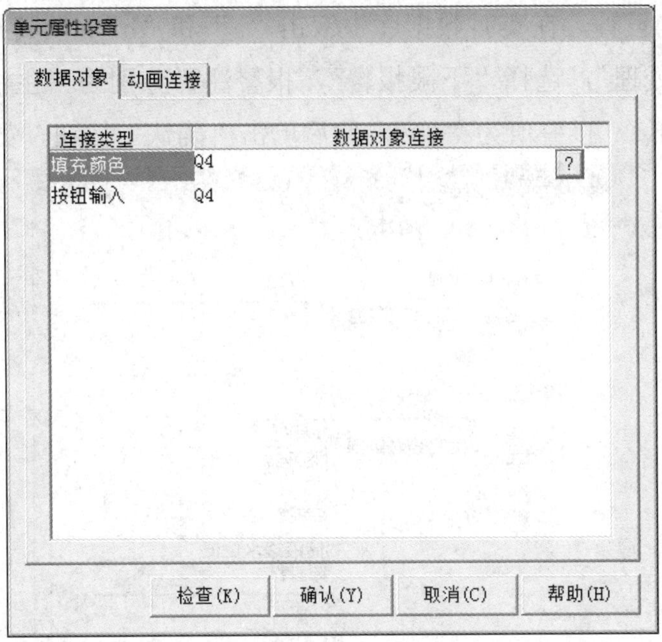

图 3-10　水龙头参数设置

(4) 百分比的设置。双击储液罐的"百分比"，在"操作属性"表达式的"?"中选择"a"再单击"确认"按钮，效果如图 3-11 所示。同理，双击储液罐的"百分比"，在"操作属性"表达式的"?"中选择"b"。

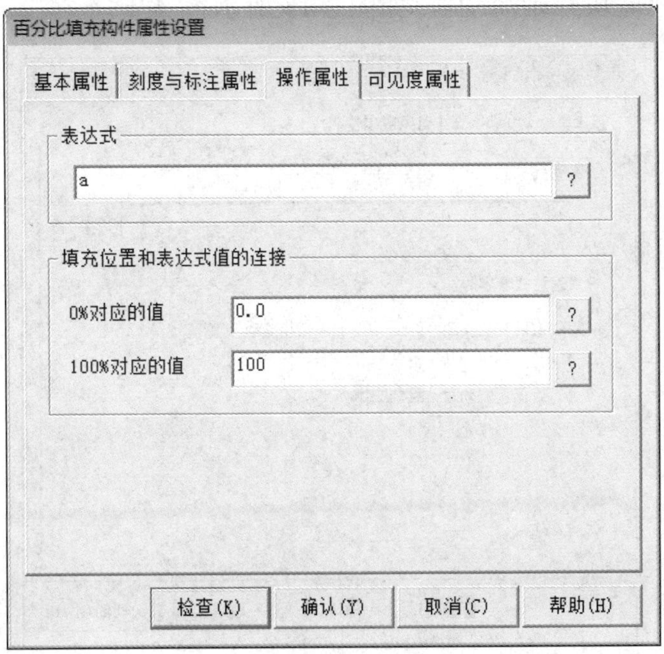

图 3-11　百分比参数设置

(5) 报警的设置。在实时数据库中双击"a"和"b"，在其报警属性中，勾选"允许报警处理"，选择"下限报警"，报警注释分别为"主液箱水位低"或"储液罐水位低"，报警值为"10"，然后单击"确认"按钮，如图 3-12 所示。

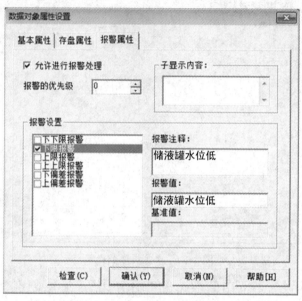

图 3-12　设置报警参数

(6) 滚动条的设置。双击滚动条，在"流动块构件属性设置"里选择对应的动画数据，如"流块开始流动"，如图 3-13 所示。

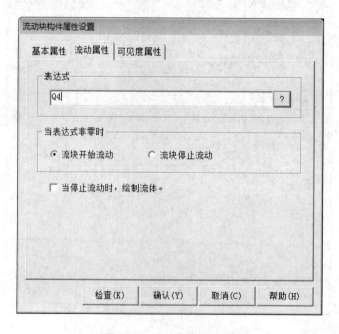

图 3-13　滚动条参数设置

# 五、项目实施

### 1．编写脚本程序

在窗口空白处双击，在"循环脚本"窗口中输入控制程序。

(1) 进水阀和排气阀启动程序。

  if a<100 and 启动=1　then

  Q2=1

  Q3=1

  a=a+6

  ENDIF

(2) 进水阀和排气阀停止程序。

  if a>=100 and 启动=1　then

  Q2=0

  Q3=0

  endif

(3) 出水阀启动程序。

  if a>0 and b<100 and 启动=1　then

  Q1=1

  b=b+4

  a=a-4

  endif

(4) 出水阀停止程序。

  if b>=100 and 启动=1　then

  Q1=0

  ENDIF

(5) 水龙头可开启程序。

  if b>0 and Q4=1　and 启动=1　then

  b=b-2

  endif

**2. MCGS 组态软件和欧姆龙 CPM2AH PLC 的通信调试**

(1) PLC 设备添加及属性设置如图 3-14 所示。

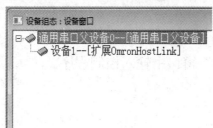

图 3-14　PLC 设备添加及属性设置

(2) PLC 设备通道连接。

① 单击"通道连接"选项卡进入"通道连接设置"页，按照表 3-1 中的 I/O 分配进行设置。

② 单击"增加设备通道"选中"IR/SR 区"，通道地址选择 0，个数选择 2，建立输入通道；通道地址选择 100，个数选择 4，建立输出通道；双击"通道名称"前的"连接变量"，根据 I/O 分配表完成 MCGS 中的数据对象与 PLC 内部寄存器间的连接，如图 3-15 所示。

| 索引 | 连接变量 | 通道名称 |
| --- | --- | --- |
| 0000 | | 通讯状态 |
| 0001 | 启动 | 读写IR0000.00 |
| 0002 | 停止 | 读写IR0000.01 |
| 0003 | Q1 | 读写IR0100.00 |
| 0004 | Q2 | 读写IR0100.01 |
| 0005 | Q3 | 读写IR0100.02 |
| 0006 | Q4 | 读写IR0100.03 |

图 3-15　通道连接

(3) 设备调试。

① 将欧姆龙 CPM2A PLC 上的开关拨至"RUN"，按下"启动"按钮后，观察 PLC 输出是否正确，如果运行不正确，进入 CX-Programmer 环境，使 PLC 运行后调试，直至运行正确为止，退出该环境。

② 检查 MCGS 运行策略中的脚本程序是否正确，正确后进入 MCGS 运行环境。

③ 观察 MCGS 监控画面中东、西、南、北方向交通灯动作是否正确，如果不正确，查找原因并修正。

④ 退出 MCGS 运行环境，完成调试工作。

# 六、项目评价

参照表 3-3 进行本项目的评价与总结。

### 表 3-3 项 目 评 价 表

| 评分表 | 工作形式 | 他人评分 | 实际完成时间 | | |
|---|---|---|---|---|---|
| 学 期 | □个人 □小组分工 □小组 | □是 □不是 | | | |
| 评分内容 | 评分标准 | 分数 | 学生评分 | 教师评分 | 得分 |
| 控制系统的结构及控制方案 | (1) 选择硬件设备,制定控制系统的结构框图。(5 分) | 15 分 | | | |
| | (2) 正确制定 PLC 上位机控制方案。(10 分) | | | | |
| 设计工程界面 | (1) 符合设计要求,且整齐、美观。(10 分)<br>(2) 画面完整,无误。(10 分) | 20 分 | | | |
| 建立实时数据库 | (1) 收集所有 I/O 点数,建立实时数据库。(5 分) | 10 分 | | | |
| | (2) 正确定义各种数据对象。(5 分) | | | | |
| 动画连接、设备连接 | (1) 能将用户窗口中图形对象与实时数据库中的数据对象建立相关性连接,并设置相应的动画属性和幅度。(10 分) | 20 分 | | | |
| | (2) 正确建立与外部设备的连接。(10 分) | | | | |
| 编写控制程序 | (1) 编写脚本程序来控制流程。(5 分) | 10 分 | | | |
| | (2) 编写外部程序来控制流程,能实现控制要求,准确简洁。(5 分) | | | | |
| 报警显示、报表的制作、曲线显示、安全机制设置等 | (1) 正确设置报警数据对象,显示报警信息。(3 分) | 10 分 | | | |
| | (2) 正确制作实时数据报表和历史数据报表。(3 分) | | | | |
| | (3) 正确制作实时曲线与历史曲线构件。(2 分) | | | | |
| | (4) 根据工艺要求,建立安全机制。(2 分) | | | | |
| 组态内容进行分段和总体调试 | (1) 能对组态内容进行分段和总体调试。(10 分) | 15 分 | | | |
| | (2) 整个系统界面美观,运行准确、可靠。(5 分) | | | | |
| 考核时间150分钟 | 每超时 10 分钟扣 5 分 | | | | |
| 总 分 | | 学生签字:_____ | | | |
| | | 教师签字:_____ | | | |
| | | 日 期:_____ | | | |

## 七、练习与思考

(1) PLC 与触摸屏之间的通信参数是如何设置的？

(2) 在 MCGS 中有几种报警方式？

# 项目四

## 基于 MCGS 的交通信号灯监控系统

〜〜〜〜〜〜〜〜〜〜〜〜〜〜〜

## 一、项目背景

当今社会，交通问题是经济发展的一个大问题。交通是否便捷是衡量一个城市生活水平与投资环境的重要指标。改善和提高现有交通系统的效率已成为当务之急，而提高交通控制系统的效果更是重中之重。为了有效地提高交通信号灯的控制效率，克服以往信号灯出现故障不能及时被发现和返修的现象，可利用 PLC 强大的逻辑控制功能，基于 MCGS 设计了一套交通信号灯监控系统。该系统用户界面友好，实际运行效果良好。

## 二、学习目标

### 1. 知识目标

(1) 掌握 MCGS 通用版及嵌入版的基本操作，完成工程分析及变量定义。

(2) 掌握简单界面设计，完成数据对象定义及动画连接。

(3) 掌握模拟设备连接方法，完成简单脚本程序编写及报警显示。

### 2. 能力目标

(1) 能应用通用版 MCGS 组态软件基本功能。

(2) 能进行简单项目设计和仿真运行。

### 3. 素养目标

(1) 培养学生综合职业能力，能够对所从事的工作承担责任。

(2) 具备独立工作和自学能力，团队合作、文献检索、口头表达能力及 5S 管理素养等。

# 三、项目分析

## 1．仪器设备

本项目实施的仪器设备有计算机、MCGS 嵌入版 7.7、TPC7062 触摸屏等。

## 2．控制要求

本系统要求实现的控制要求：当启动按钮按下时，先南北方向红灯、东西方向绿灯亮，此时东西方向的车辆运行，延时 13 s 东西方向绿灯变为闪烁状态，闪烁 5 s 后跳到黄灯亮，此时东西方向的车辆停止运行。东西方向黄灯亮 2 s 后，变为东西方向红灯、南北方向绿灯亮，则南北方向车辆运行。延时 13 s 南北方向绿灯变为闪烁，闪烁 5 s 后跳到南北方向黄灯亮，则南北方向的车辆停止运行，南北方向黄灯亮 2 s 后，再回到南北方向红灯、东西方向绿灯亮的状态，如此循环下去。当停止按钮按下时，无论运行到哪个状态，所有的灯都处于不亮状态。

交通灯现场示意图如图 4-1 所示。

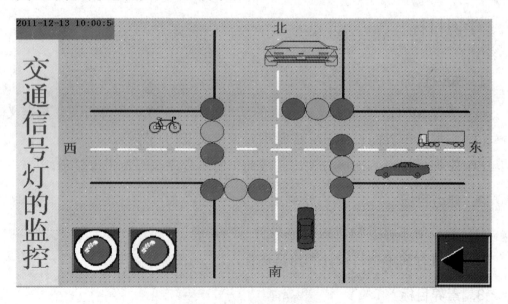

图 4-1　交通灯现场示意图

### 3. 交通灯系统硬件电路设计方案

在十字路口的东西方向和南北方向各设有红、黄、绿三个信号灯，各信号灯按照预先设定的时序轮流点亮或熄灭，其运行状态时序图如图 4-2 所示。

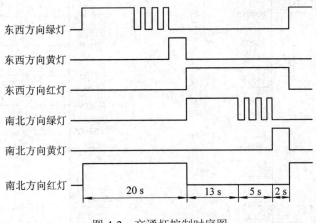

图 4-2 交通灯控制时序图

#### 1) 总体结构

交通灯系统硬件结构如图 4-3 所示。

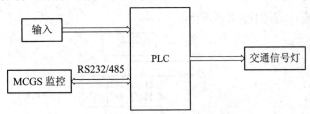

图 4-3 交通灯系统硬件结构框图

#### 2) PLC I/O 分配表的设计

交通灯输入/输出地址分配如表 4-1 所示。

表 4-1 交通灯输入/输出地址分配

| 输入点地址 | 功能 | 输出点地址 | 功 能 |
|---|---|---|---|
| 00000 | 启动按钮 | 01000 | 东西方向红灯 H1 |
| 00001 | 停止按钮 | 01001 | 东西方向绿灯 H2 |
| | | 01002 | 东西方向黄灯 H3 |
| | | 01003 | 南北方向红灯 H4 |
| | | 01004 | 南北方向绿灯 H5 |
| | | 01005 | 南北方向黄灯 H6 |

3) PLC 外部接线图的设计

交通灯系统外部接线图如图 4-4 所示。

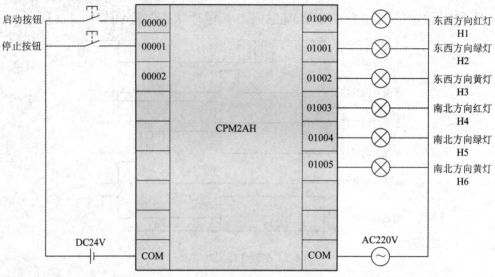

图 4-4　交通灯系统外部接线图

4) 交通灯系统流程

交通灯系统流程图如图 4-5 所示。

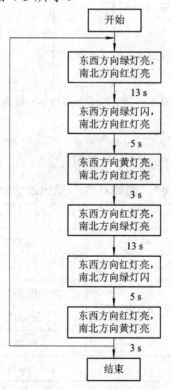

图 4-5　交通灯系统流程图

## 四、相关知识学习

### 1. 组态定义数据对象

数据对象分配表如表 4-2 所示。

表 4-2　数据对象分配表

| 对象名称 | 类型 | 注释 |
| --- | --- | --- |
| 启动 | 开关型 | 启动按钮 |
| 停止 | 开关型 | 启动按钮 |
| Q1 | 开关型 | 南北方向红灯 |
| Q2 | 开关型 | 东西方向绿灯 |
| Q3 | 开关型 | 东西方向黄灯 |
| Q4 | 开关型 | 东西方向红灯 |
| Q5 | 开关型 | 南北方向绿灯 |
| Q6 | 开关型 | 南北方向黄灯 |
| a | 数值型 | 存放定时器当前值 |
| 东西方向货车 | 数值型 | 东西方向货车位置 |
| 南北方向货车 | 数值型 | 南北方向货车位置 |

### 2. 制作工程画面

1) 编辑画面

(1) 选中"交通灯"窗口图标，单击"动画组态"进入动画组态窗口，开始编辑画面。

(2) 单击工具条中的"工具箱"按钮，打开绘图工具箱。

(3) 选择"工具箱"内的"标签"按钮，鼠标的光标呈"十"字形，在窗口中拉出四个矩形并双击矩形框打开属性栏填充颜色，如图 4-6 所示。

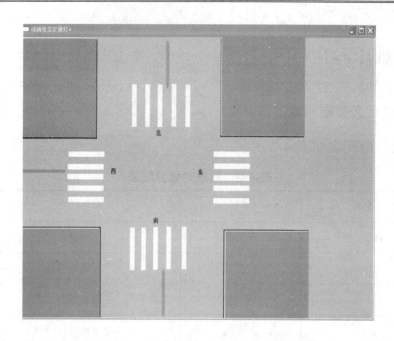

图 4-6  道路界面

(4) 单击绘图工具箱中的"插入元件"图标，弹出对象元件管理对话框，从对象元件管理对话框中选择货车和树，并放到合适位置，效果如图 4-7 所示。

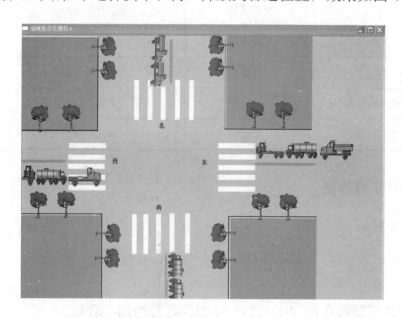

图 4-7  货车和树的画面

(5) 从对象元件管理对话框中分别选择交通灯和管道，并放到合适位置，最终生成的画面如图 4-8 所示。

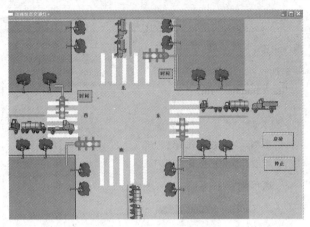

图 4-8　交通灯组态效果图

**2) 动画连接**

**(1) 交通灯设置。**

东西方向的交通运行情况相同，因此交通灯的动画连接相同；同理南北方向的交通灯动画连接也是一样的。

① 在用户窗口中，双击东边方向的交通灯，弹出属性设置窗口，单击"数据对象"标签。单击右侧"?"按钮，选中"东西货车"数据对象，双击鼠标确认，数据对象连接为"东西货车"。

② 单击"动画连接"标签，选中第三行的三维圆球，在右端出现 $\boxed{>}$ 。

③ 单击 $\boxed{>}$ 进入动画组态属性设置窗口，选中"可见度"和"闪烁效果"，由于 0～13 s 东西方向绿灯亮，13～18 s 东西方向绿灯闪烁，因此其设置分别如图 4-9 和图 4-10 所示。

图 4-9　东西方向绿灯可见度设置

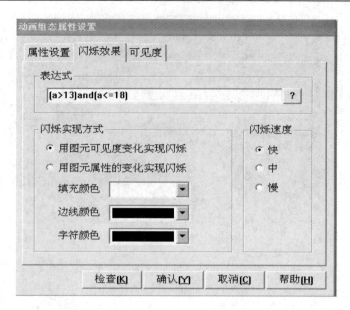

图 4-10  东西方向绿灯闪烁效果设置

④ 单击"确认"按钮，完成东西方向绿灯的设置。

⑤ 单击"动画连接"标签，选中第二行的三维圆球，在右端出现 > 。单击 > 进入"动画组态属性设置"窗口，选中"可见度"，东西方向黄灯是在绿灯闪烁结束后开始亮的，亮 3 s 即 a 在 19～21 s 的范围内黄灯是亮的，其设置如图 4-11 所示。

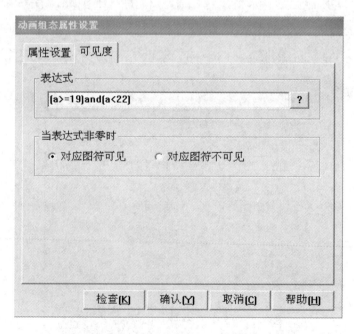

图 4-11  东西方向黄灯可见度设置

⑥ 单击"确认"按钮，完成东西方向黄灯的设置。

⑦ 单击"动画连接"标签，选中第一行的三维圆球，在右端出现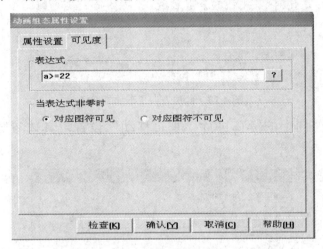。单击&gt;进入"动画组态属性设置"窗口，选中"可见度"，东西方向红灯是在黄灯熄灭后开始亮的，亮 18 s 即 a 在 22～40 s 的范围内红灯是亮的，其设置如图 4-12 所示。单击"确认"按钮，完成东西方向红灯的设置。

图 4-12　东西方向红灯可见度设置

南北方向的交通灯动画连接与东西方向的类似。

(2) 车辆的设置。

本系统中，当东西方向绿灯亮时，其对应方向的汽车开动，而红灯亮时则停止运动；同样，南北方向绿灯亮时，其对应方向的汽车开动，而红灯亮时停止运动。

① 双击西边方向上的货车，弹出属性设置窗口，单击"数据对象"标签。

② 选中"数据对象"标签中的"水平移动"，右端出现浏览按钮 **?**，单击浏览按钮 **?**，双击数据对象列表中的"东西货车"。

③ 单击"动画连接"标签页进入该页，在"图元名"列选中"组合图符"，右端出现" **?** "和" **&gt;** "按钮。

④ 单击" **&gt;** "按钮，弹出"动画组态属性设置"窗口。

⑤ 在"位置动画连接"处选中"水平移动"。

⑥ 在"水平移动"页进行参数的设置，如图 4-13 所示。然后单击"确认"按钮。

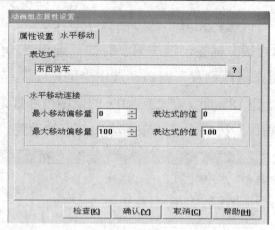

图 4-13 西边方向货车动画连接

⑦ 对北边方向上的货车进行"垂直移动"设置，具体参数设置如图 4-14 所示。

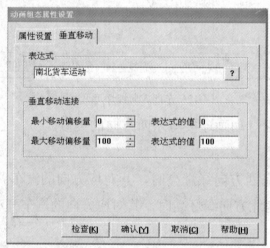

图 4-14 北边方向货车动画连接

⑧ 东边和南边方向的货车的动画连接可类似设置。

⑨ 单击工具栏"存盘"按钮。

## 五、项目实施

下面介绍模拟仿真运行与调试。

### 1. 定时器控制

(1) 定时器的控制如下：

!TimerSetLimit(1,44,0)

!TimerSetOutput(1,a)

if 启动=0 or 停止=1 then

Q1=0

Q2=0

Q3=0

Q4=0

Q5=0

Q6=0

!TimerReset(1,0)

!TimerStop(1)

Endif

(2) 定时器特性观察。

为了更方便地观察定时器的时间，在原画面上增加两个"时间"显示。

① 单击"工具箱"内的"标签"按钮$\mathbf{A}$，鼠标的光标呈"十字"形，在画面空白位置上拖拽鼠标，根据需要拉出一个一定大小的方框。

② 在该方框内输入"时间"文字，双击方框，弹出"动画组态属性设置"窗口。

③ 在"输入输出连接"一栏中选择"显示输出"。

④ 单击"显示输出"选项卡进入该页。

⑤ 按照图 4-15 进行显示输出的设置，然后单击"确认"按钮。在定时器运行时，可以显示计时时间。

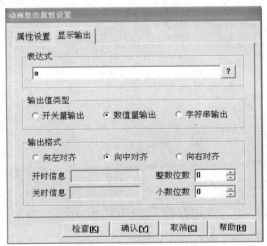

图 4-15　定时器显示输出设置

## 2．编写脚本程序

（1）将脚本程序添加到策略行。双击"脚本程序"策略行末端的方块，出现脚本程序编辑窗口，在该窗口输入以下参考脚本程序：

① 定时器控制程序。

```
!TimerSetLimit(1,44,0)

!TimerSetOutput(1,a)

if  启动=0 or  停止=1 then

Q1=0

Q2=0

Q3=0

Q4=0

Q5=0

Q6=0

!TimerReset(1,0)

!TimerStop(1)

Endif
```

② 东西方向绿灯亮，南北方向红灯亮。

```
if  启动=1 and  停止=0 then

!TimerRun(1)

endif

if a > 0 and  启动=1 then

Q1=1

Q2=1

Q6=0

东西货车=东西货车+6

东西货车 1=东西货车 1+6

endif
```

③ 东西方向黄灯亮，南北方向红灯亮。

```
if a >=19 and  启动=1 then

Q2=0
```

Q3=1

endif

④ 东西方向红灯亮，南北方向绿灯亮。

if a >= 22 and 启动=1 then

Q1=0

Q5=1

Q4=1

Q3=0

东西货车=0

东西货车 1=0

南北货车运动=南北货车运动+5

南北货车运动 1=南北货车运动 1+5

Endif

⑤ 东西方向红灯亮，南北方向黄灯亮。

if a >=41 and 启动=1 then

Q5=0

Q6=1

endif

⑥ 重新开始下一循环。

if a >= 43 and 启动=1 then

南北货车运动=0

南北货车运动 1=0

Endif

### 3. MCGS 组态软件和欧姆龙 CPM2AH PLC 的通信调试

1) PLC 设备通道连接

对 PLC 设备添加及属性设置。

(1) 单击"通道连接"选项卡，进入"通道连接设置"页，按照表 4-1 中的 I/O 分配进行设置。

(2) 选中通道 1，双击"对应数据对象"栏，在其中输入在实时数据库中建立的与之对应的数据名"启动",单击"确认"按钮就完成了 MCGS 中的数据对象与 PLC 内部寄存器间的连接,具体的数据读写操作将由主控窗口根据具体的操作情况自动完成。

(3) 其他通道设置类似,如图 4-16 所示。

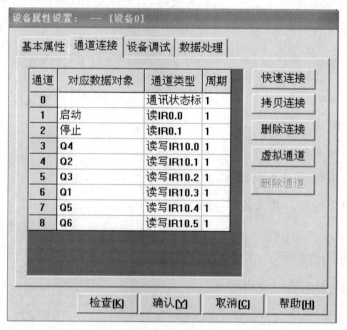

图 4-16　通道连接

2) 设备调试

(1) 将欧姆龙 CPM2A PLC 上的开关拨至"RUN",按下"启动"按钮后,观察 PLC 输出是否正确,如果运行不正确,进入 CX-Programmer 环境,使 PLC 运行后调试,直至运行正确为止,退出该环境。

(2) 检查 MCGS 运行策略中的脚本程序是否正确,正确后进入 MCGS 运行环境。

(3) 观察 MCGS 监控画面中东、西、南、北方向交通灯动作是否正确,如果不正确,查找原因并修正。

(4) 退出 MCGS 运行环境,完成调试工作。

# 六、项目评价

参照表 4-3 进行本项目的评价与总结。

## 表 4-3 项 目 评 价 表

| 评分表 | 工作形式 | | 他人评分 | 实际完成时间 | | |
|---|---|---|---|---|---|---|
| 学 期 | □个人 □小组分工 □小组 | | □是 □不是 | | | |
| 评分内容 | 评分标准 | | 分数 | 学生评分 | 教师评分 | 得分 |
| 设计控制系统的结构及控制方案 | (1) 选择硬件设备,制定控制系统的结构框图。(5 分) | | 15 分 | | | |
| | (2) 正确制定 PLC 上位机控制方案。(10 分) | | | | | |
| 设计工程界面 | 符合设计要求,且整齐、美观。(20 分) | | 20 分 | | | |
| 建立实时数据库 | (1) 收集所有 I/O 点数,建立实时数据库。(5 分) | | 10 分 | | | |
| | (2) 正确定义各种数据对象。(5 分) | | | | | |
| 动画连接、设备连接 | (1) 能将用户窗口中图形对象与实时数据库中的数据对象建立相关性连接,并设置相应的动画属性和幅度。(10 分) | | 20 分 | | | |
| | (2) 正确建立与外部设备的连接。(10 分) | | | | | |
| 编写控制程序 | (1) 编写脚本程序来控制流程。(5 分) | | 10 分 | | | |
| | (2) 编写外部程序来控制流程,能实现控制要求,准确简洁。(5 分) | | | | | |
| 报警显示、报表的制作、曲线显示、安全机制设置等 | (1) 正确设置报警数据对象,再制作报警显示画面和报警数据浏览的运行策略。(3 分) | | 10 分 | | | |
| | (2) 正确制作实时数据报表和历史数据报表。(3 分) | | | | | |
| | (3) 正确制作实时曲线与历史曲线构件。(2 分) | | | | | |
| | (4) 根据工艺要求,建立安全机制。(2 分) | | | | | |
| 组态内容进行分段和总体调试 | (1) 能对组态内容进行分段和总体调试。(10 分) | | 15 分 | | | |
| | (2) 整个系统界面美观,运行准确、可靠。(5 分) | | | | | |
| 考核时间 120 分钟 | 每超时 10 分钟扣 5 分 | | | | | |
| 总 分 | | | 学生签名:_____ 教师签名:_____ 日 期:_____ | | | |

## 七、练习与思考

1. 工控软件趋势曲线的作用是什么？报警窗口的作用是什么？
2. 交通信号灯控制系统调试过程中出现的常见问题有哪些？

# 项目五

# 机械手物料自动搬运控制系统设计

◦◦◦◦◦◦◦◦◦◦◦◦◦◦◦◦

## 一、项目背景

　　近年来，随着自动化相关技术的不断进步、工艺水平的不断提高，自动化设备得到广泛的使用，满足了控制对象不断变化的企业现场需要。随着我国经济的快速发展，对企业的生产效率要求也越来越高，在制造加工企业中，物料的搬运与管理是企业生产中的关键一环。采用机械手进行物料搬运，可以大大提高企业的搬运效率，帮助企业在日常的生产管理中提高自动化程度。

## 二、学习目标

### 1. 知识目标

(1) 掌握机械手物料搬运系统界面设计，完成数据对象定义。

(2) 掌握构件大小变化、垂直移动、水平移动的动画连接。

### 2. 能力目标

(1) 能应用通用版 MCGS 组态软件。

(2) 完成机械手物料搬运系统的界面组态，定义数据对象，进行动画连接。

(3) 编写脚本程序并进行仿真运行。

### 3. 素养目标

(1) 培养学生学会分析和解决实际问题的能力。

(2) 端正严谨求实的科学态度。

(3) 帮助学生在小组学习过程中提高团队合作意识。

# 三、项目分析

## 1. 控制要求

本项目要求实现以下控制要求：机械手物料搬运控制系统在 PLC 程序的控制下模仿人手自动抓取物料、搬运物料以及释放物料。具体任务要求如下：

(1) 初始位置：PLC 上电后，自动恢复到原位(初始状态)，具体表现为机械手气爪放松、悬臂上移、左侧极限位置停止。

(2) 启动：机械手复位后，奇数次按下启动按钮，设备启动。

(3) 工作：设备启动后，机械手悬臂开始下移，5 s 后气爪夹紧工件，夹紧 2 s 后悬臂携工件上升，上升到位 5 s 后右移，右移到位 10 s 后下移，下移至指定位置 5 s 后放下工件；工件被放下 2 s 后上移，上移到位 5 s 后开始左移，左移到位 10 s 后机械手悬臂重新开始下移，进行物料搬运的循环工作，此过程反复循环执行。

(4) 停止：偶数次按下启动按钮，机械手停在当前位置；按下复位按钮，机械手完成本次操作后，回到初始位置停止。

机械手物料搬运控制系统示意图如图 5-1 所示。

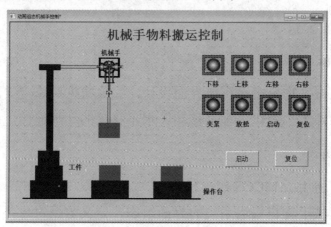

图 5-1　机械手物料搬运控制系统示意图

## 2. 机械手物料搬运控制系统硬件电路设计方案

### 1) 总体结构

机械手物料搬运控制系统硬件结构框图如图 5-2 所示。

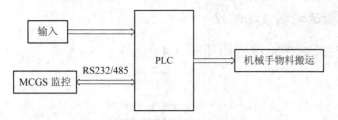

图 5-2 机械手物料搬运控制系统硬件结构框图

2) I/O 分配表的设计

机械手物料搬运控制系统 I/O 分配表如表 5-1 所示。

表 5-1 机械手物料搬运控制系统 I/O 分配表

| 输入点地址 | 功能 | 输出点地址 | 功能 |
|---|---|---|---|
| 00000 | 启动按钮 | 01000 | 启动指示灯 |
| 00001 | 复位按钮 | 01001 | 复位指示灯 |
| | | 01002 | 悬臂上移 |
| | | 01003 | 悬臂下移 |
| | | 01004 | 气爪束紧 |
| | | 01005 | 气爪放松 |
| | | 01006 | 悬臂右移 |
| | | 01007 | 悬臂左移 |

3) PLC 外部接线图的设计

机械手物料搬运控制系统外部接线图如图 5-3 所示。

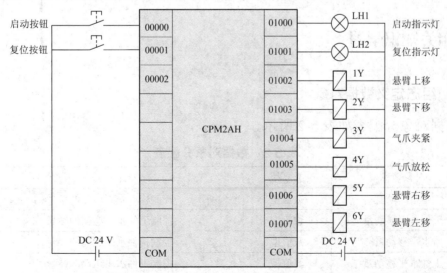

图 5-3 机械手物料搬运控制系统外部接线图

4) 机械手搬运控制系统流程

机械手搬运控制系统流程图如图 5-4 所示。

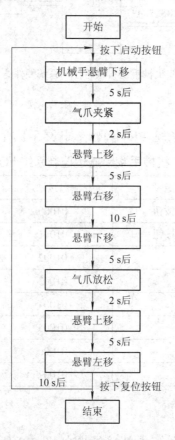

图 5-4 机械手物料搬运控制系统流程图

# 四、相关知识学习

## 1. 组态定义数据对象

数据对象分配表如表 5-2 所示。

表 5-2 数据对象分配表

| 对象名称 | 类 型 | 注 释 |
| --- | --- | --- |
| 垂直移动量 | 数值型 | 控制构件垂直运动的参量 |
| 工件垂直移动量 | 数值型 | 控制工件垂直运动的参量 |
| 水平移动量 | 数值型 | 控制构件水平运动的参量 |
| 工件水平移动量 | 数值型 | 控制工件水平运动的参量 |
| 计时时间 | 数值型 | 计时器的当前值 |

续表

| 对象名称 | 类　型 | 注　释 |
|---|---|---|
| 启动 | 开关型 | 启动按钮 |
| 复位 | 开关型 | 复位按钮 |
| 定时器启动 | 开关型 | 定时器启动 |
| 时间到 | 开关型 | 计时器设定时间到 |
| 定时器复位 | 开关型 | 定时器复位 |
| 放松 | 开关型 | 放松阀 |
| 夹紧 | 开关型 | 夹紧阀 |
| 工件夹紧标志 | 开关型 | 标示工件所处的是夹紧还是放松状态 |
| 上移 | 开关型 | 上移阀 |
| 下移 | 开关型 | 下移阀 |
| 左移 | 开关型 | 左移阀 |
| 右移 | 开关型 | 右移阀 |

## 2．制作工程画面

### 1）建立画面

在用户窗口中，选中"机械手控制"窗口图标，单击右键，选择下拉菜单中的"设置为启动窗口"选项，将该窗口设置为运行时自动加载的窗口，如图5-5所示。

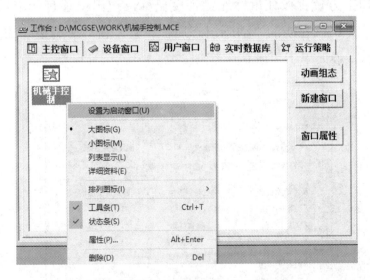

图 5-5　设置机械手控制窗口为启动窗口

选中"机械手控制"窗口图标，单击"动画组态"，进入动画组态窗口，开始编辑画面。

2) 编辑画面

(1) 制作工程标题。单击"工具箱"内的"标签"按钮，鼠标的光标变为"十"字形，在窗口上方位置按住鼠标左键拖曳鼠标，拉出一个有一定大小的矩形框。建立矩形框后，光标在其内闪烁，输入"机械手物料搬运控制"文字后，在任意位置单击鼠标或直接按回车键。其属性设置为：无填充、无边线、宋体、粗体、蓝色 24 号字，最后单击"确认"按钮。制作完成后的工程标题如图 5-6 所示。

图 5-6　工程标题设置界面

(2) 画地平线。单击"工具箱"内的"直线" ＼ 按钮，鼠标的光标呈"十"字形，在窗口下方位置按住鼠标左键拖曳鼠标，拉出一条有一定长度的直线。双击该直线，弹出该直线的"动画组态属性设置"窗口，调整线的颜色、线型，如图 5-7 所示。最后单击"确认"按钮。

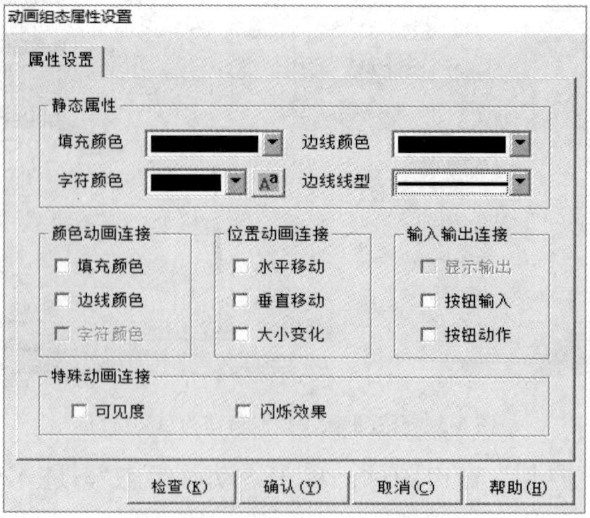

图 5-7　直线的动画组态属性设置

（3）画矩形。单击"工具箱"内的"矩形" 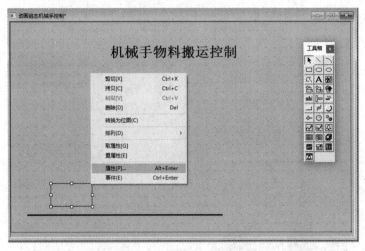 按钮，鼠标的光标呈"十"字形，在窗口适当位置按住鼠标左键拖曳鼠标，拉出一个有一定大小的矩形。建立矩形后，双击鼠标左键，或者单击鼠标右键并选择下拉菜单中的"属性"选项，进行矩形的属性设置，如图 5-8 所示。

图 5-8　打开矩形框的属性设置窗口

然后设置该矩形框为没有边线、填充颜色为蓝色，如图 5-9 所示。最后单击"保存"按钮。

图 5-9　矩形的动画组态属性设置窗口

单击窗口其他任何空白区域，结束第一个矩形的编辑。依次画出机械手搬运控制画面的其他矩形部分，分别是 7 个蓝色矩形和 1 个红色矩形。单击第一个矩形，在键盘上按下"Ctrl+C"键进行复制；然后将鼠标移至空白区域，在键盘上按下"Ctrl+V"键进行粘贴，一个蓝色矩形出现在画面中；将新的矩形拖曳到合适位置，进行矩形框的属性设置，再单击"保存"按钮。绘制完成的矩形画面如图 5-10 所示。

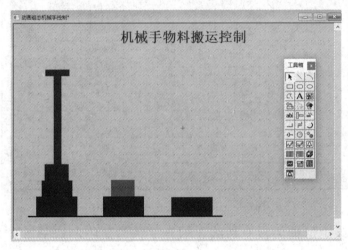

图 5-10　绘制完成的矩形画面

3) 构件的选取

(1) 机械手的绘制。单击"工具箱"内的"插入元件"按钮，选中"对象元件列表"中的"其他"，在展开的该列表项中选择"机械手"，然后单击"确定"按钮。对象元件库管理窗口如图 5-11 所示。

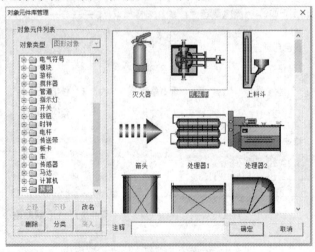

图 5-11　对象元件库管理窗口

在机械手被选择的情况下，单击鼠标右键，在下拉菜单中选择"排列"菜单，再选择"旋转"/"右旋90度"。调整机械手的位置和大小，在机械手上面输入文字标签"机械手"，然后单击"保存"按钮。

(2) 画机械手左侧和下方的滑杆。单击"工具箱"内的"插入元件"按钮，选中"对象元件列表"中的"管道"，在展开的该列表项中选择"管道95"和"管道96"，分别画出两个滑杆，将其大小和位置调整好，再单击"确定"按钮。机械手左侧和下方的滑杆画面如图5-12所示。

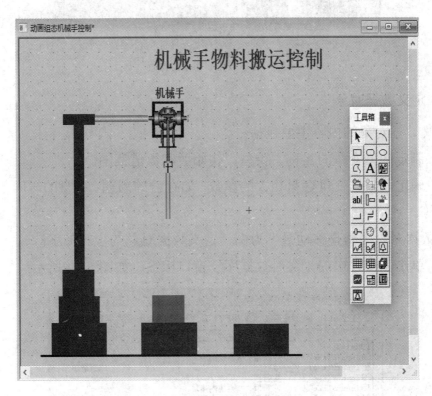

图 5-12　机械手左侧和下方的滑杆画面

(3) 画指示灯和按钮。单击"工具箱"内的"插入元件"按钮，选中"对象元件列表"中的"指示灯"，在展开的该列表项中选择"指示灯 2"，需要启动、复位、上移、下移、左移、右移、夹紧、放松 8 个指示灯显示机械手的工作状态。

单击"工具箱"内的"标准按钮"按钮，在画面中画出有一定大小的按钮，调整其大小及位置。

完成的指示灯和按钮的画面如图5-13所示。

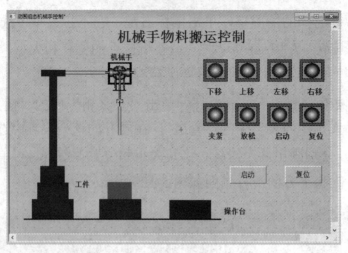

图 5-13　按钮、指示灯画面

### 3. 定义数据对象

定义数据对象的内容主要包括：

(1) 制定数据变量的名称、类型、初始值和数值范围。

(2) 确定与数据变量存盘相关的参数，如存盘的周期、存盘的时间范围和保存期限等。

以数据对象"垂直移动量"为例，定义数据对象的步骤如下：

(1) 单击工作台中的"实时数据库"窗口标签，如图 5-14 所示。

图 5-14　工作台中的实时数据库窗口

(2) 单击"新增对象"按钮，在窗口的数据对象列表中增加新的数据对象。

(3) 双击选中对象如数值型 mo，打开"数据对象属性设置"窗口。将对象名称改为"垂直移动量"；对象类型选择为"数值"；在对象内容注释输入框中输入"控制构件上下运动的参量"，单击"确认"按钮。数据对象属性设置窗口如图 5-15 所示。

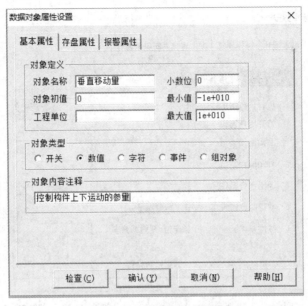

图 5-15　数据对象属性设置窗口

按照表 5-2 所示的数据对象分配，完成相关数据对象的设置，如图 5-16 所示。

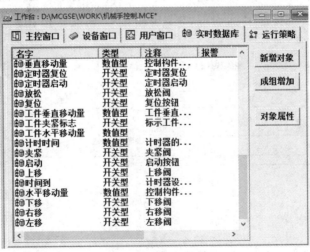

图 5-16　相关数据对象的设置

### 4．动画连接

1) 按钮的启动与停止及指示灯的变化

(1) 按钮的动画连接。双击"启动"按钮，弹出"标准按钮构件属性设置"

窗口，单击"操作属性"选项卡，选中"数据对象值操作"；单击第 1 个下拉列表中的 ▾ 按钮，弹出按钮动作下拉菜单，单击"取反"，如图 5-17 所示。

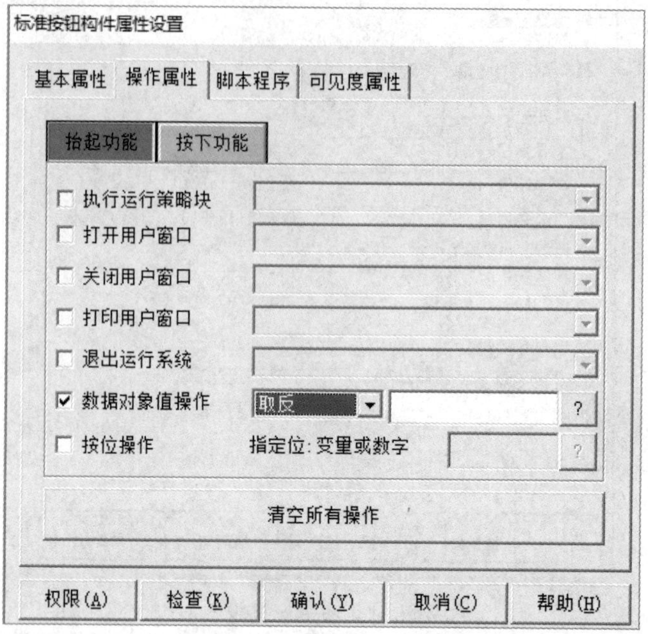

图 5-17　数据对象值操作—取反

单击第 2 个下拉列表中的 ? 按钮，弹出当前用户定义的所有数据对象列表，双击"启动"，或者单击"启动"再单击"确认"按钮，如图 5-18 所示。

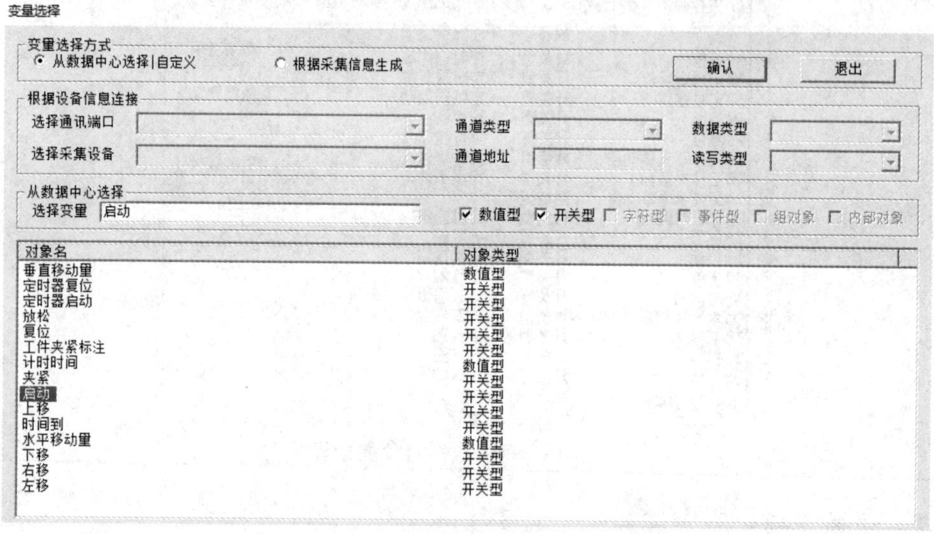

图 5-18　数据对象值操作—变量选择

用上述方法建立复位按钮与对应变量之间的动画连接，再单击"保存"按钮。

　　(2) 指示灯的动画连接。双击下移指示灯，弹出"单元属性设置"窗口，单击"动画连接"选项卡，进入动画连接页，如图 5-19 所示。

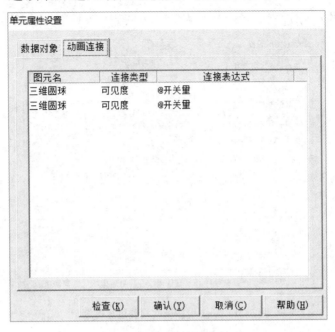

图 5-19　单元属性设置窗口

　　单击"三维圆球"，出现 ? > 按钮，单击 > 按钮，弹出"动画组态属性设置"窗口；单击"属性设置"选项卡，进入该页(或单击"可见度"选项卡，进入该页)，如图 5-20 所示。

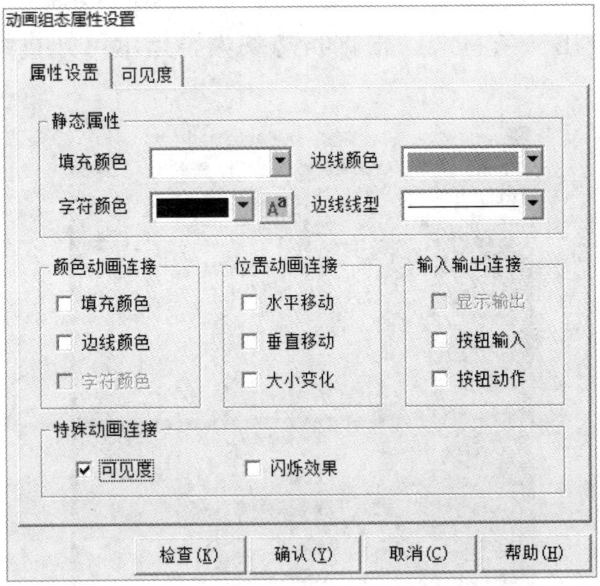

图 5-20　动画组态属性设置窗口

在"可见度"页中"表达式"一栏直接输入文字"下移=1";在"当表达式非零时"一栏中选择"对应图符可见",如图 5-21 所示。同理,用上述方法设置其他指示灯的动画连接,单击"保存"按钮。

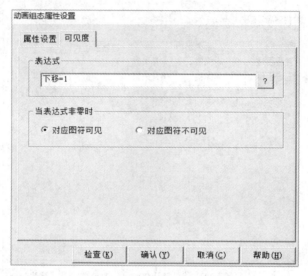

图 5-21　动画组态属性设置可见度窗口

2) 构件移动动画连接

(1) 垂直移动动画连接。单击"查看"菜单,从其中选择"状态条",如图 5-22 所示。在屏幕下方出现状态条,状态条左侧文字代表当前操作状态,右侧显示被选中对象的位置坐标和大小。在横线上的工件底边与工件移动到上方位置处的底边之间画出一条直线,根据状态条大小指示可知直线的总长度,假设为 50 个像素。

图 5-22　查看—状态条窗口

在机械手监控画面中选中并双击"工件",弹出"属性设置"窗口,如图 5-23 所示。

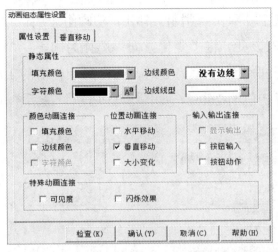

图 5-23 动画组态属性设置—垂直移动

单击"属性设置"窗口中的"垂直移动"选项卡,进入该页后在"表达式"一栏中输入"工件垂直移动量",参数设置为:当工件垂直移动量为 0 时,向上移动距离为 0;当工件垂直移动量为 25 时,向上移动距离为 50,如图 5-24 所示。单击"确认"按钮,存盘。

$$工件垂直移动量的最大值 = 循环次数 \times 变化率 = 25 \times 1 = 25$$

$$循环次数 = \frac{下移时间}{循环策略执行间隔} = \frac{5\ s}{200\ ms} = 25 次$$

变化率为每执行一次脚本程序垂直移动量的变化,在本设计中变化率为 1。

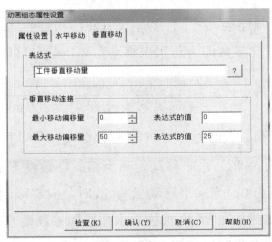

图 5-24 工件垂直移动量设置窗口

（2）垂直缩放动画连接。选中下滑杆，测量其长度。在下滑杆顶边与工件上顶边之间画一条直线，观察其长度。垂直缩放比例=直线长度/下滑杆长度，本设计假设为 260。选中并双击下滑杆，弹出"动画组态属性设置"窗口，单击"大小变化"选项卡进入该页。将"变化方向"选择为向下；"变化方式"设置为缩放。参数设置为：当垂直移动量为 0 时，长度等于初值的 100%；当垂直移动量为 50 时，长度等于初值的 260%，如图 5-25 所示。最后单击"确认"按钮。

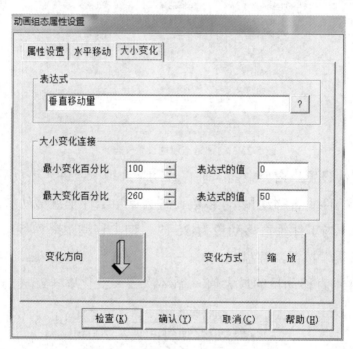

图 5-25　下滑杆垂直缩放设置窗口

（3）水平移动动画连接。在工件初始位置和移动目的地之间画一条直线，记下状态条大小指示，此参数即为总水平移动距离，假设移动距离为 90。

$$\text{脚本程序执行次数} = \frac{\text{左移时间(右移时间)}}{\text{循环策略执行间隔}} = \frac{10\,\text{s}}{200\,\text{ms}} = 50\,\text{次}$$

$$\text{水平移动量的最大值} = \text{循环次数} \times \text{变化率} = 50 \times 1 = 50$$

当水平移动量为 50 时，水平移动距离为 90。参数设置为：当水平移动量为 0 时，向右移动距离为 0；当水平移动量为 50 时，向右移动距离为 90。工件水平移动量设置窗口如图 5-26 所示；机械手水平移动参数设置窗口如图 5-27 所示；下滑杆水平移动参数设置窗口如图 5-28 所示。

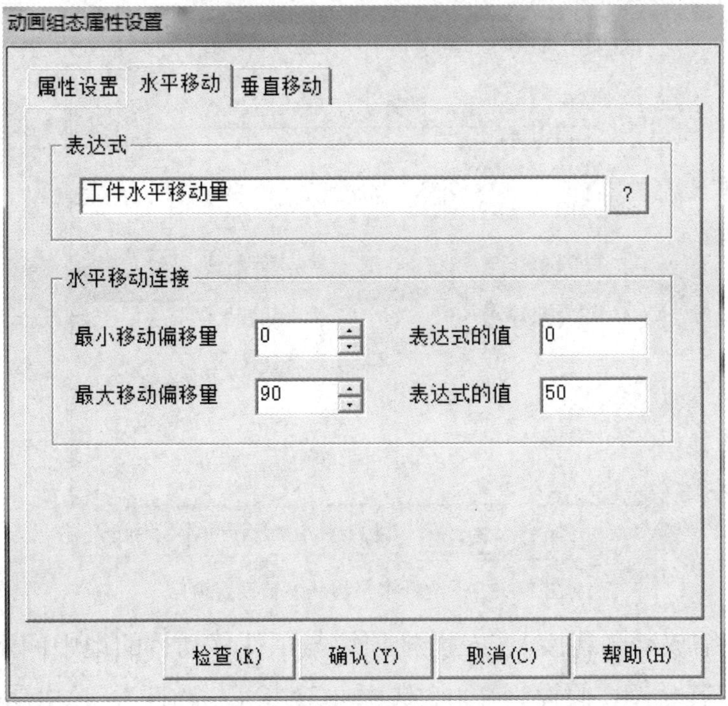

动画组态属性设置

属性设置 | 水平移动 | 垂直移动

表达式

工件水平移动量　　　　　　　　　　　？

水平移动连接

最小移动偏移量　0　　　表达式的值　0

最大移动偏移量　90　　　表达式的值　50

检查(K)　确认(Y)　取消(C)　帮助(H)

图 5-26　工件水平移动量设置窗口

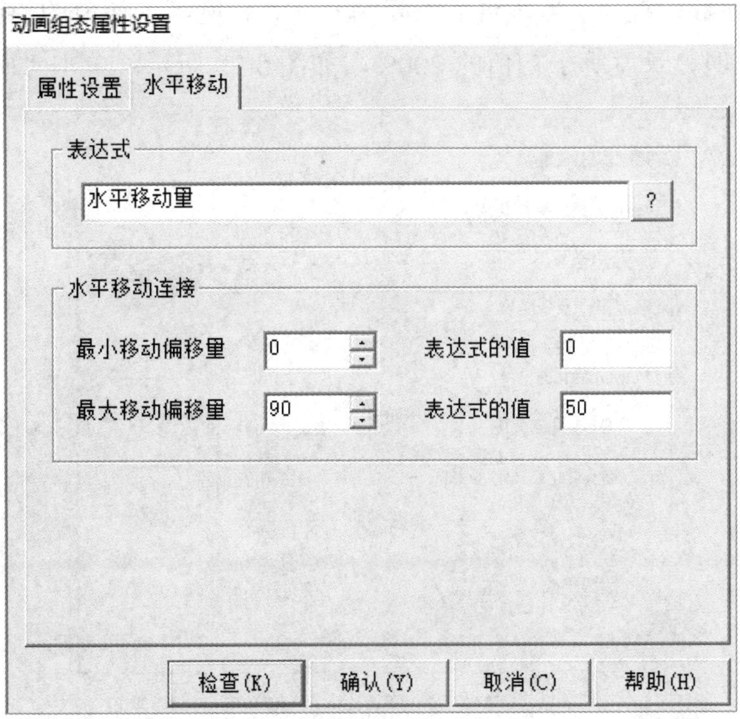

动画组态属性设置

属性设置 | 水平移动

表达式

水平移动量　　　　　　　　　　　？

水平移动连接

最小移动偏移量　0　　　表达式的值　0

最大移动偏移量　90　　　表达式的值　50

检查(K)　确认(Y)　取消(C)　帮助(H)

图 5-27　机械手水平移动参数设置窗口

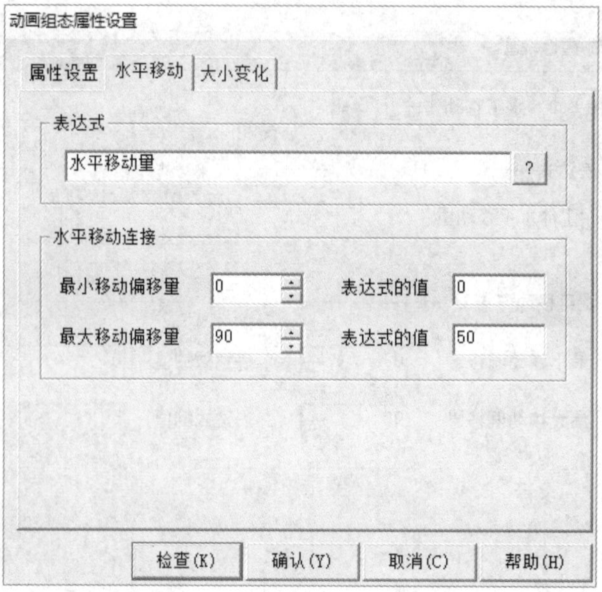

图 5-28　下滑杆水平移动参数设置窗口

（4）水平缩放动画连接。在左滑杆顶边与工件移动目的地中间水平方向画一条直线，观察其长度，假设为 200。选中并双击"左滑杆"，弹出属性设置窗口，单击"大小变化"选项卡进入该页。"变化方向"选择为向右，"变化方式"设置为缩放。参数设置为：当垂直移动量为 0 时，长度等于初值的 100%；当垂直移动量为 50 时，长度等于初值的 200%，如图 5-29 所示。单击"确认"按钮，存盘。

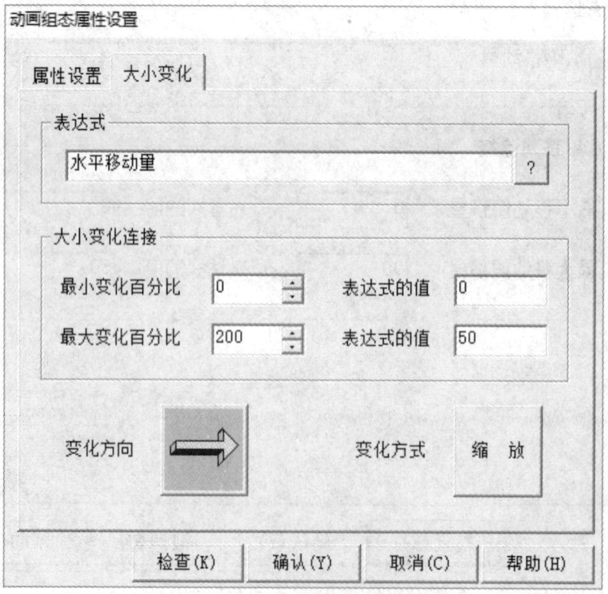

图 5-29　左滑杆水平缩放设置窗口

### 5．控制程序的编写

(1) 定时器的使用。单击"运行策略"选项卡进入"运行策略"页。选中"循环策略"，单击右侧"策略属性"按钮，弹出"策略属性设置"窗口。在"定时循环执行，循环时间(ms)"一栏中填入 200。策略属性设置窗口如图 5-30 所示。

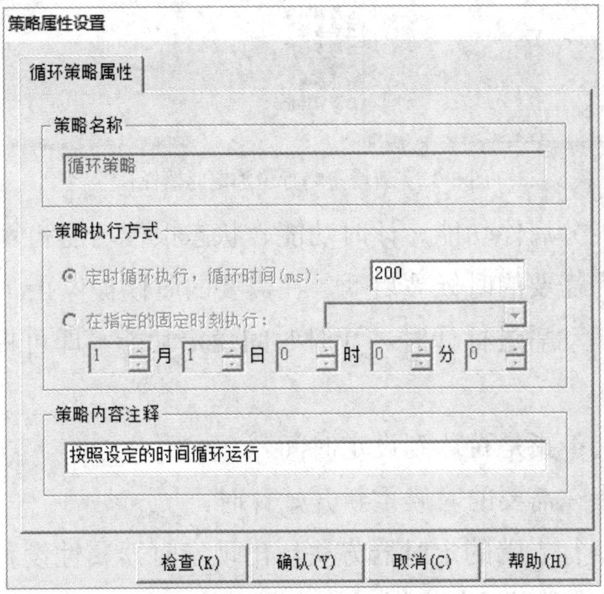

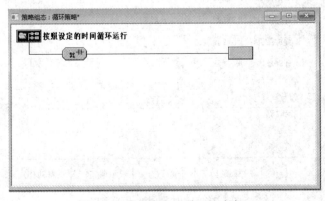

图 5-30　策略属性设置窗口

选中"循环策略"，单击右侧"策略组态"按钮，弹出"策略组态：循环策略"窗口。在空白区域单击鼠标右键，弹出一对话框，选择"新增策略行"按钮并单击，在循环策略窗口出现一个新策略，如图 5-31 所示。在其空白区域单击鼠标右键，选择"策略工具箱"按钮，打开策略工具箱并选中"定时器"，光标变为小手形状，单击新增策略行末端的方块，则定时器被加到该策略中，如图 5-32 所示。

图 5-31　策略组态：循环策略窗口

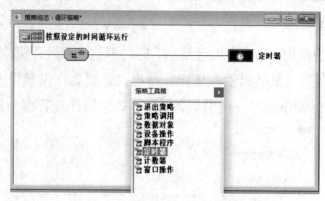

图 5-32　新增策略行中加定时器操作

定时器的功能分启停功能、计时功能、状态报告功能和复位功能。

启停功能：在需要的时候被启动，在需要的时候被停止。

计时功能：启动后进行计时。计时时间设定功能，即可根据需要设定计时时间。

状态报告功能：指是否达到设定时间。

复位功能：指在需要的时候重新开始计时。

双击新增策略行末端的定时器方块，出现定时器属性设置窗口。在"设定值"栏中填入 12，代表设定时间为 12 s；分别单击"当前值(s)"栏、"计时条件"栏、"复位条件"栏、"计时状态"栏中的 ？ 按钮，在变量选择窗口按图 5-33 所示选择对应的变量，然后单击"确认"按钮。

**定时器**

**基本属性**

**计时器设置**

| | | |
|---|---|---|
| 设定值(S) | 12 | ? |
| 当前值(S) | 计时时间 | ? |
| 计时条件 | 时间到 | ? |
| 复位条件 | 定时器复位 | ? |
| 计时状态 | 时间到 | ? |

**内容注释**

定时器

检查(K)　　确认(Y)　　取消(C)　　帮助(H)

图 5-33　定时器属性设置窗口

(2) 利用定时器和脚本程序实现机械手的定时控制。在"策略组态：循环策略"窗口的空白区域单击鼠标右键，弹出一对话框，选择"新增策略行"按钮并单击，在定时器下增加一行新策略。选中策略工具箱中的"脚本程序"，光标变为手形，单击新增策略行末端的小方块，则脚本程序被加到该策略中，如图5-34 所示。双击"脚本程序"策略行末端的方块，出现脚本程序编辑窗口，可进行脚本程序的编写。

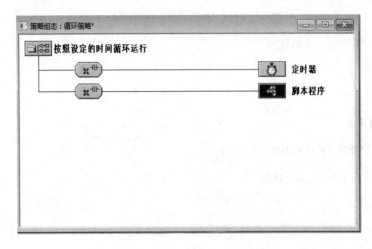

图 5-34　新增脚本程序策略行

# 五、项目实施

## 1. 模拟仿真运行

脚本程序：

　　IF 下移=1 AND 启动=1 THEN 垂直移动量=垂直移动量+1

　　IF 上移=1 AND 启动=1 THEN 垂直移动量=垂直移动量−1

　　IF 下移=1 AND 夹紧=1 AND 启动=1 THEN 工件垂直移动量=工件垂直移动量+1

　　IF 上移=1 AND 夹紧=1 AND 启动=1 THEN 工件垂直移动量=工件垂直移动量−1

　　IF 右移=1 AND 启动=1 AND 水平移动量<90 THEN 水平移动量=水平移动量+1

　　IF 右移=1 AND 夹紧=1 AND 工件水平移动量<90 AND 启动=1 THEN 工件水平移动量=工件水平移动量+1

　　IF 左移=1 AND 启动=1 AND 水平移动量>0 THEN 水平移动量=水平移动量−1

　　IF 启动=1 AND 复位=0　THEN 定时器启动=1

IF 复位=1 AND 计时时间>440 THEN

定时器启动=0

启动=0

ENDIF

IF 定时器启动=0 THEN 计时时间=0

IF 定时器启动=1 AND 启动=1 THEN 计时时间=计时时间+1

IF 定时器启动=1 AND 计时时间<50 THEN 下移=1

IF 计时时间>50 THEN

夹紧=1

下移=0

ENDIF

IF 计时时间>70 THEN 上移=1

IF 计时时间>120 THEN

右移=1

上移=0

ENDIF

IF 计时时间>220 THEN

下移=1

右移=0

上移=0

ENDIF

IF 计时时间>270 THEN

夹紧=0

下移=0

ENDIF

IF 计时时间>290 THEN 上移=1

IF 计时时间>340 THEN

左移=1

上移=0

ENDIF

IF 计时时间>440 THEN

垂直移动量=0

工件水平移动量=0

工件垂直移动量=0

水平移动量=0

左移=0

ENDIF

IF 计时时间>442 THEN

计时时间=0

ENDIF

## 2. MCGS 组态软件和欧姆龙 CPM2AH PLC 的通信调试

1) PLC 设备通道连接

PLC 设备添加及属性设置如下：

(1) 单击"通道连接"选项卡，进入"通道连接设置"页，按照表 5-1 所示的 I/O 分配进行设置。

(2) 选中通道 1，双击"对应数据对象"栏，在其中输入在实时数据库中建立的与之对应的数据名"启动"，单击"确认"按钮就完成了 MCGS 中的数据对象与 PLC 内部寄存器间的连接。具体的数据读写操作将由主控窗口根据具体的操作情况自动完成。

(3) 其他通道设置类似，如图 5-35 所示。

图 5-35 通道连接

2) 设备调试

(1) 将欧姆龙 CPM2A PLC 上的开关拨至"RUN"，按下"启动"按钮后，观察 PLC 输出是否正确，如果运行不正确，则进入 CX-Programmer 环境，使 PLC 运行后调试，直至运行正确为止，退出该环境。

(2) 检查 MCGS 运行策略中的脚本程序是否正确，正确后进入 MCGS 运行环境。

(3) 观察 MCGS 监控画面中启动、复位、机械手的上/下/左/右移动及夹紧和放松指示灯动作是否正确。如果不正确，则应查找原因并修正。

(4) 退出 MCGS 运行环境，完成调试工作。

# 六、项目评价

参照表 5-3 进行本项目的评价与总结。

表 5-3　项 目 评 价 表

| 评分表 | 工作形式 | | | 他人评分 | 实际完成时间 | | |
|---|---|---|---|---|---|---|---|
| 学期 | □个人　　□小组分工　　□小组 | | | □是 □不是 | | | |
| 评分内容 | 评 分 标 准 | | | 分数 | 学生评分 | 教师评分 | 得分 |
| 设计控制系统的结构及控制方案 | (1) 选择硬件设备,制定控制系统的结构框图。(5 分) | | | 15 分 | | | |
| | (2) 正确制定 PLC 上位机控制方案。(10 分) | | | | | | |
| 设计工程界面 | 符合设计要求，且整齐、美观。(20 分) | | | 20 分 | | | |
| 建立实时数据库 | (1) 收集所有 I/O 点数，建立实时数据库。(5 分) | | | 10 分 | | | |
| | (2) 正确定义各种数据对象。(5 分) | | | | | | |
| 动画连接、设备连接 | (1) 能将用户窗口中的图形对象与实时数据库中的数据对象建立相关性连接，并设置相应的动画属性和幅度。(10 分) | | | 20 分 | | | |
| | (2) 正确建立与外部设备的连接。(10 分) | | | | | | |
| 编写控制程序 | (1) 编写脚本程序来控制流程。(5 分) | | | 10 分 | | | |
| | (2) 编写外部程序来控制流程,能实现控制要求，准确简洁。(5 分) | | | | | | |

续表

| 评分表 | 工作形式 | 他人评分 | 实际完成时间 | | |
|---|---|---|---|---|---|
| 学期 | □个人　□小组分工　□小组 | □是 □不是 | | | |
| 评分内容 | 评 分 标 准 | 分数 | 学生评分 | 教师评分 | 得分 |
| 报警显示、报表的制作、曲线显示、安全机制设置等 | (1) 正确设置报警数据对象，再制作报警显示画面和报警数据浏览的运行策略。(3 分) | 10 分 | | | |
| | (2) 正确制作实时数据报表和历史数据报表。(3 分) | | | | |
| | (3) 正确制作实时曲线与历史曲线构件。(2 分) | | | | |
| | (4) 根据工艺要求，建立安全机制。(2 分) | | | | |
| 对组态内容进行分段和总体调试 | (1) 能对组态内容进行分段和总体调试。(10 分) | 15 分 | | | |
| | (2) 整个系统界面美观，运行准确、可靠。(5 分) | | | | |
| 考核时间120分钟 | 每超时 10 分钟扣 5 分 | | | | |
| 总　分 | | 学生签名：_____ | | | |
| | | 教师签名：_____ | | | |
| | | 日　　期：_____ | | | |

# 七、练习与思考

(1) 构件的水平移动和大小变化的区别是什么？

(2) 机械手移动过程中，若左滑杆不动作，则常见问题有哪些？

# 项目六

# 职业技能大赛自动化生产线的安装与调试

## 一、项目背景

本项目将介绍全国职业院校技能大赛自动化生产线安装与调试，以 2012 年全国职业院校技能大赛高职组"自动化生产线装配与调试"竞赛项目样题为例。

## 二、学习目标

### 1. 知识目标

(1) 掌握 MCGS 通用版及嵌入版基本操作，完成工程分析及变量定义。

(2) 掌握简单界面设计，完成数据对象定义及动画连接。

(3) 掌握模拟设备连接方法，完成简单脚本程序编写及报警显示。

### 2. 能力目标

(1) 能进行亚龙 YL-335B 自动化生产线的安装与调试。

(2) 会使用 MCGS 组态软件进行组态。

### 3. 素养目标

(1) 培养学生综合职业能力，具有独立性、责任心、敬业精神。

(2) 具备自学能力以及团队合作、文献检索、口头表达、5S 管理素养等素养。

## 三、项目分析

### 1. 设备组成及工作情况描述

亚龙 YL-335B 自动化生产线(简称亚龙 YL-335B)实训考核装备由安装在铝合金导轨式实训台上的供料单元、加工单元、装配单元、分拣单元和输送单元 5 个单元组成,该装备可通过外部按钮及触摸屏进行操作。其俯视图如图 6-1 所示。

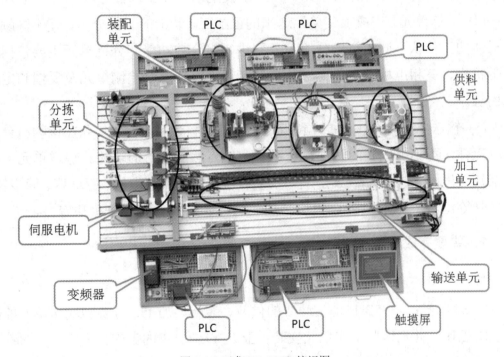

图 6-1 亚龙 YL-335B 俯视图

在亚龙 YL-335B 设备上应用了多种类型的传感器,分别用于判断物体的运动位置、物体通过的状态、物体的颜色及材质等。

在控制方面,亚龙 YL-335B 采用了基于 RS485 串行通信的 PLC 网络控制方案,即每一工作单元由一台 PLC 承担其控制任务,各 PLC 之间通过 RS485 串行通信实现互连的分布式控制方式。亚龙 YL-335B 型自动生产线实训考核装备的主要组成及功能如下:

(1) 供料单元。供料单元是亚龙 YL-335B 中的起始单元,在整个系统中起着向系统中的其他单元提供原料的作用。供料单元主要包括竖式料筒、顶料气缸、推料气缸、物料检测传感器部件、安装支架平台和材料检测装置部件等。

(2) 加工单元。加工单元是亚龙 YL-335B 中对工件处理单元之一，在整个系统中起着对输送站送来的工件进行模拟冲孔处理或工件冲压等作用。加工单元主要包括滑动料台、模拟冲头、夹紧机械手、物料台伸出/缩回气缸、相应的传感器和电磁阀组件等。

(3) 装配单元。装配单元是亚龙 YL-335B 中对工件处理的另一单元，在整个系统中起着对输送站送来的工件进行装配及小工件供料的作用。装配单元主要包括供料机构、旋转送料单元、机械手装配单元和放料台等。

(4) 分拣单元。完成上一单元送来的已加工、装配的工件分拣，使不同颜色和材质的工件从不同的料槽分流、分别进行组合的功能。分拣单元主要包括传送带机构、三相电机动力单元、分拣气动组件、传感器检测单元及反馈和定位机构等。

(5) 输送单元。该单元通过到指定单元的物料台精确定位，并在该物料台上抓取工件，再把抓取到的工件输送到指定地点然后放下的功能。输送单元主要包括抓取机械手装置、直线运动传动组件(包括驱动伺服电机、驱动器、同步轮、同步带等)、拖链装置、PLC 模块和接线端口以及按钮/指示灯模块等。

**2. 需要完成的工作任务**

1) 自动生产线设备部件安装

完成亚龙 YL-335B 自动生产线的供料、装配、加工、分拣和输送单元的部分装配工作，并把这些工作单元安装在亚龙 YL-335B 的工作桌面上。

(1) 各工作单元装置侧部分的装配要求。输送单元装置侧部分的机械部件安装、气路连接工作已完成，并已定位在工作台面上。抓取机械手各气缸初始位置要求如下：

① 提升气缸处于下降位置，手臂伸缩气缸处于缩回位置。

② 摆动气缸处于右限位位置，气动手指处于松开状态。

完成供料、装配、加工和分拣各单元装置侧部件的安装和调整以及工作单元在工作台面上定位。如不符合上述要求请适当调整。

(2) 亚龙 YL-335B 自动生产线各工作单元装置部分要求安装误差不大于 1 mm。

2) 气路连接及调整

按照供料、装配、加工和分拣单元的气动系统图，完成各工作单元的气路连接，并调整气路，确保各气缸运行顺畅和平稳。

3) 电路设计和电路连接

(1) 输送单元的电气接线已经完成，请根据实际接线确定 PLC 的 I/O 分配，将其作为程序编制的依据。并根据工作任务的要求，设置松下 A5 伺服驱动器的参数。

(2) 根据工作任务的要求，完成供料和加工单元装置侧与 PLC 侧的电气接线，各工作单元装置侧的信号分配与 PLC 的 I/O 分配请自行确定。

(3) 完成装配单元装置侧和 PLC 侧的电气接线，要求该单元装置侧各传感器及电磁阀到接线端口上的信号端子的分配如表 6-1 所示。PLC 的 I/O 分配请自行确定。

表 6-1 装配单元装置侧的接线端口信号端子的分配

| 输入端口中间层 | | | 输出端口中间层 | | |
|---|---|---|---|---|---|
| 端子号 | 设备符号 | 信号线 | 端子号 | 设备符号 | 信号线 |
| 2 | BG1 | 零件不足检测 | 2 | 1Y | 挡料电磁阀 |
| 3 | BG2 | 零件有无检测 | 3 | 2Y | 顶料电磁阀 |
| 4 | BG3 | 左料盘零件检测 | 4 | 3Y | 回转电磁阀 |
| 5 | BG4 | 右料盘零件检测 | 5 | 4Y | 手爪夹紧电磁阀 |
| 6 | BG5 | 装配台工件检测 | 6 | 5Y | 手爪下移电磁阀 |
| 7 | 1B1 | 顶料到位检测 | 7 | 6Y | 手臂伸出电磁阀 |
| 8 | 1B2 | 顶料复位检测 | 8 | AL1 | 红色警示灯 |
| 9 | 2B1 | 挡料状态检测 | 9 | AL2 | 橙色警示灯 |
| 10 | 2B2 | 落料状态检测 | 10 | AL3 | 绿色警示灯 |
| 11 | 5B1 | 摆动气缸左限检测 | 11 | | |
| 12 | 5B2 | 摆动气缸右限检测 | 12 | | |
| 13 | 6B2 | 手爪夹紧检测 | 13 | | |
| 14 | 4B2 | 手爪下移到位检测 | 14 | | |
| 15 | 4B1 | 手爪上移到位检测 | | | |
| 16 | 3B1 | 手臂缩回到位检测 | | | |
| 17 | 3B2 | 手臂伸出到位检测 | | | |

(4) 在 A3 图纸上设计分拣单元的电气控制电路, 并根据所设计的电路图连接电路。电路图应包括 PLC 的 I/O 端子分配和变频器主电路及控制电路。

电路连接完成后应根据运行要求设定变频器有关参数(其中要求斜坡下降时间或减速时间参数不小于 0.8 s), 变频器有关参数应以表格形式记录在所提供的电路图上。所设计图纸上的图形符号和文字符号应符合国标 GB/T 6988.1—2008 或机标 JB/2740—2008、JB/2739—2008 的规定。

(5) 说明:

① 所有连接到接线端口的导线应套上标号管, 标号的编制自行确定。

② PLC 侧所有端子接线必须采用压接方式。

### 4) 各站 PLC 网络连接

本系统的 PLC 网络指定输送站作为系统主站。请根据所选用的 PLC 类型来选择合适的网络通信方式, 并完成网络连接。

### 5) 连接触摸屏并组态用户界面

触摸屏应连接到系统中主站 PLC 的相应接口。在 TPC7062KS 人机界面上组态画面, 要求用户窗口包括欢迎界面、安装测试界面和系统运行界面三个窗口。

(1) 为生产安全起见, 系统应设置操作员组和负责人组两个用户组别。只有具有操作员组以上权限(操作员组或负责人组)的用户才能启动系统。

(2) 欢迎界面是启动界面, 如图 6-2 所示, 其中的位图文件存放在个人计算

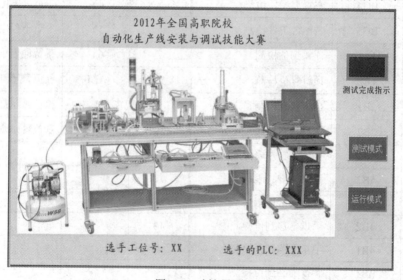

图 6-2　欢迎界面

机的"桌面\技术文档\"文件夹中。欢迎界面在触摸屏上电并进行权限检查后运行，界面屏幕上方的标题文字向左循环移动，循环周期约为 14 s。具有负责人权限的用户可触摸"测试模式"按钮进入测试界面，但只有操作员权限的不能进入；如果装配、加工、分拣等单元的安装数据已经测试完成，则界面上的测试完成指示灯被点亮，这时具有操作员以上权限的用户均可进入运行界面。

(3) 安装测试界面，用以测试生产线设备。在安装完成后，各工作单元的精确位置应按照下列功能要求自行设计。(注：安装时已要求供料单元出料台纵向中心线与原点传感器中心线重合的，不再进行测试。)

本界面上应设置复位按钮以及初始状态指示灯。当 PLC 上电后，需要进行初始状态检查和复位工作时，触摸复位按钮，PLC 执行复位程序，使抓取机械手各气缸处于初始位置，然后使装置返回到直线运动机构的原点位置，此位置位于原点开关的中心线处。复位完成后，初始状态指示灯被点亮。仅当复位完成，装置返回初始状态后才能进行装配、加工、分拣等单元安装位置的精确测试。

本界面上应设置适当的选择和操作开关，其中选择开关用于选定相应工作单元，点亮输送单元按钮/指示灯模块上的相应指示灯，以提示操作人员对该单元进行测试；操作开关用于单步控制抓取机械手动作以便抓取和放下工件，进行精确寻找定位点。如果复位过程尚未完成，初始状态指示灯尚在熄灭状态，此时触摸选择开关，则动作不予响应并且弹出相应的提示框。

界面中应设置供料、装配、加工、分拣等单元安装位置的显示构件，显示以脉冲数表示的绝对坐标数据。

此外，还应设置显示抓取机械手当前位置和当前速度的显示构件以供调试使用(当前速度的显示单位为 mm/s，用正、负号指示运动的方向)。接收到 PLC 发送的测试完成信号后，界面上的测试完成指示灯被点亮，同时弹出提示框，提示"各单元安装位置数据测试完毕！"。触摸提示框内"确定"按钮，提示框消失。这时可触摸"返回"按钮返回到欢迎界面。

如果系统本次运行并非设备安装后的首次运行，则 PLC 的掉电保持存储器中已保存了装配、加工、分拣等单元的安装数据和"测试完成"信号的置位状态，人机界面应读取上述安装数据并显示在触摸屏上。如果需要重新进行安装与测试，须使用界面中的清零按钮清除安装数据和"测试完成"信号，才可以再次进行安装数据的测试存储。

(4) 运行界面窗口组态应按下列功能自行设计：

① 在人机界面上可设定计划生产套件总数，并在生产过程中显示尚须完成的套件总数。

② 在人机界面上设定分拣单元变频器的运行频率(25～35 Hz)。实时显示变频器启动后的输出频率(精确到 0.1 Hz)。

③ 提供全线运行模式下系统启动信号。

④ 提供能切换到欢迎界面的按钮。只有系统停止中，切换按钮才有效。

⑤ 指示网络中各从站的通信状况(正常、故障)。

⑥ 指示各工作单元的运行、故障状态。其中，故障状态包括供料单元的供料不足状态和缺料状态、装配单元的供料不足状态和缺料状态、输送单元抓取机械手装置越程故障(左或右极限开关动作)以及工作单元运行中的紧急停止状态。发生上述故障时，有关的报警指示灯以闪烁方式报警。

6) 系统的工作模式

系统工作模式分为单站测试模式和全线运行模式。

(1) 单站测试模式。

单站测试模式包括在输送站进行安装数据测试，在供料、装配、加工和分拣站利用本站主令器件实现各站的功能测试。进行单站测试时，各站的方式转换开关 SA 应设置在单站位置。

输送站单站测试要求：输送站单站测试必须在人机界面处于安装测试界面下进行。安装数据测试包括检查设备上电后输送站各气动装置是否处于初始位置和进行抓取机械手装置的复位操作，测试装配、加工、分拣等单元的安装数据。

① 初始位置检查和复位操作的主令信号来自 HMI 界面，其功能是执行使抓取机械手的摆动气缸和气动手指置于初始位置的操作，然后使装置返回到机构参考点位置。在触摸安装测试界面上的复位按钮后，开始复位操作，返回原点的速度可自行设定。在复位过程中，输送单元按钮/指示灯模块中指示灯 HL1 以 1 次每秒的频率闪烁，复位完成后 HL1 保持常亮，直到进入安装数据测试操作或进入运行模式。

② 安装数据测试操作用于设备安装完成后的首次运行，精确测定各工作单

元绝对坐标数据(用脉冲数表示),测试结果存于 PLC 的掉电保持单元内,并显示在人机界面上。

进行安装数据测试操作时,人机界面发出测试操作开始信号,并依次指定待测试单元为装配单元、加工单元、分拣单元。当待测试单元指定为装配单元时,指示灯 HL3 点亮;指定为加工单元时,指示灯 HL2 点亮;指定为分拣单元时,指示灯 HL2 和 HL3 同时点亮并以 2 Hz 的频率闪烁。

每当待测试单元被指定且抓取机械手在原点位置时,在供料单元出料台人工放置一个工件,通过人机界面上的相应开关,单步控制机械手抓取工件。然后操作者应根据人机界面指定的待测试单元,通过按钮/指示灯模块的按钮 SB1、SB2 和开关 SA 来选择一定的速度点动驱动抓取机械手装置沿直线导轨运动,精确寻找待测试单元的位置。到达指定位置后再通过人机界面上的相应开关,单步控制机械手放下工件。其中,按钮 SB1 实现正向点动运转功能,按钮 SB2 实现反向点动运转功能;选择开关 SA1 用来指定两挡速度选择,第 1 挡速度要求为 50 mm/s,第 2 挡速度要求为 200 mm/s。在按下 SB1 或 SB2 按钮实现点动运转时,应允许切换到 SA1,以改变当前的运转速度。

每当寻找一个待测试单元位置的操作完成时,可同时按下 SB1、SB2 按钮 2 s 加以确认,测试结果应存入相应的掉电保持存储器,并发送到人机界面显示该单元的安装数据,同时抓取机械手返回原点停止。

③ 当各工作单元的安装数据测试完成后,可再次同时按下 SB1、SB2 按钮 2 s 加以确认,然后置位"测试完成信号"并传送到人机界面。

供料站单站测试要求:

① 设备上电和气源接通后,若工作单元的两个气缸满足初始位置要求,且料仓内有足够的待加工工件,出料台上没有工件,则"正常工作"指示灯 HL1 常亮,表示设备准备好;否则,该指示灯以 1 Hz 的频率闪烁。

② 若设备准备好,按下启动按钮 SB1,工作单元将处于启动状态。这时按一下推料按钮 SB2,表示有供料请求,设备应执行把工件推到出料台上的操作。每当工件被推到出料台上时,"推料完成"指示灯 HL2 亮,直到出料台上的工件被人工取出后才熄灭。工件被取出后,再按一下 SB2 按钮,设备将再次执行推料操作。

③ 若在运行中料仓内工件不足,则工作单元继续工作,但"正常工作"指

示灯 HL1 以 1 Hz 的频率闪烁。若料仓内没有工件，则 HL1 指示灯和 HL2 指示灯均以 2 Hz 的频率闪烁。设备在本次推料操作完成后停止。除非向料仓补充足够的工件，工作站不能再启动。

装配站单站测试要求：

① 设备上电和气源接通后，若各气缸满足初始位置要求，料仓上已经有足够的小圆柱芯件(以下简称芯件)，工件装配台上没有待装配工件，则"正常工作"指示灯 HL1 常亮，表示设备准备好；否则，该指示灯以 1 Hz 的频率闪烁。

② 若设备准备好，按下启动按钮，装配单元启动，"设备运行"指示灯 HL2 常亮。如果回转台上的左料盘内没有芯件，则执行下料操作；如果左料盘内有芯件，而右料盘内没有芯件，则执行回转台回转操作。

③ 如果回转台上的右料盘内有芯件且装配台上有待装配工件，则执行装配机械手抓取芯件，嵌入待装配工件中的操作。

④ 完成装配任务后，装配机械手应返回初始位置，等待下一次装配操作。

⑤ 若在运行过程中按下停止按钮，则供料机构应立即停止供料，在装配条件满足的情况下，装配单元在完成本次装配后停止工作。

⑥ 在运行中发生"芯件不足"报警时，指示灯 HL3 以 1 Hz 的频率闪烁，HL1 和 HL2 灯常亮；在运行中发生"芯件没有"报警时，指示灯 HL3 以亮 1 s、灭 0.5 s 的方式闪烁，HL2 熄灭，HL1 常亮。工作站在完成本周期任务后停止。除非向料仓补充足够的工件，工作站不能再启动。

加工站单站测试要求：

① 上电和气源接通后，若各气缸满足初始位置要求，则"正常工作"指示灯 HL1 常亮，表示设备准备好；否则，该指示灯以 1 Hz 的频率闪烁。

② 若设备准备好，按下启动按钮，设备启动，"设备运行"指示灯 HL2 常亮。当待加工工件送到加工台上并被检出后，设备执行将工件夹紧，送往加工区域冲压；完成冲压动作后返回待料位置的工件加工工序。如果没有停止信号输入，当再有待加工工件送到加工台上时，则加工单元又开始下一周期工作。

③ 在工作过程中，若按下停止按钮，加工单元在完成本周期的动作后停止工作。此时 HL2 指示灯熄灭。

分拣站单站测试要求：

① 设备上电和气源接通后，若工作单元的三个气缸满足初始位置要求，传

送带电机处于停止状态，则"正常工作"指示灯 HL1 常亮，表示设备准备好；否则，该指示灯以 1 Hz 的频率闪烁。

②　若设备准备好，按下启动按钮 SB1，系统启动，"设备运行"(待料状态)指示灯 HL2 常亮。当传送带入料口人工放下已装配的工件并按下"确认"按钮 SB2 时，变频器启动，驱动传动电动机以频率为 35 Hz 的速度，把工件送往分拣区。

③　满足第一种套件关系的工件(一个白色芯金属工件和一个白色芯塑料工件搭配组合成一组套件，不考虑两个工件的排列顺序)到达 1 号滑槽中间时，传送带停止，推料气缸 1 动作而把工件推出；满足第二种套件关系的工件(一个黑色芯金属工件和一个黑色芯塑料工件搭配组合成一组套件，不考虑两个工件的排列顺序)到达 2 号滑槽中间时，传送带停止，推料气缸 2 动作而把工件推出。不满足上述套件关系的工件到达 3 号滑槽中间时，传送带停止，推料气缸 3 动作而把工件推出。工件被推出滑槽后，该工作单元的一个工作周期结束。仅当工件被推出滑槽后才能再次向传送带下料，开始下一个工作周期。

如果每种套件均被推出 1 套，则测试完成。在最后一个工作周期结束后，设备退出运行状态，指示灯 HL2 熄灭。

说明：假设每当一套套件在分拣单元被分拣推出到相应的出料槽后，即被后序的打包工艺设备取出。打包工艺设备不属于本生产线控制。

(2)　正常情况下系统全线运行模式。

系统的启动：人机界面切换到运行界面窗口后，输送站 PLC 程序应首先检查网络通信是否正常，各工作站是否处于初始状态。初始状态是指：

①　各工作站的方式转换开关均置于联机方式。

②　输送单元抓取机械手装置在初始位置且已返回参考点停止。

③　供料单元和装配单元料仓内有足够的工件。

④　各从站均处于准备就绪状态。

若上述条件中任一条件不满足，则安装在装配站上的绿色警示灯以 0.5 Hz 的频率闪烁，红色和黄色灯均熄灭，这时系统不能启动。

如果网络正常且上述各工作站均处于初始状态，则绿色警示灯常亮。若人机界面中设定的计划生产套件总数大于零，则允许启动系统。此时若触摸人机界面上的启动按钮，系统启动。绿色和黄色警示灯均常亮，并且输送站、供料、装配、加工站和分拣站的指示灯 HL3 常亮，表示系统在全线方式下运行。

计划生产套件总数的设定：只能在系统未启动或处于停止状态时进行，套件数量一旦指定且系统进入运行状态后、在该批工作完成前，修改套件数量无效。

正常运行过程：

① 系统启动后，若装配单元装配台、加工单元加工台、分拣单元进料口没有工件，相应从站就向主站发出进料请求；主站则根据其抓取机械手装置是否空闲以及各从站进料条件是否满足给予响应。

② 若装配单元有进料请求，且输送站抓取机械手装置在空闲等待中，抓取机械手装置应立即前往原点，在其到达后，供料单元应推出工件到出料台。然后抓取机械手装置执行抓取供料单元出料台上工件的操作；动作完成后，伺服电机驱动机械手装置以不小于 400 mm/s 的速度移动到装配站装配台的正前方，把工件放到装配站的装配台上。机械手装置缩回到位后恢复空闲状态。

③ 若加工单元有进料请求，且输送站抓取机械手装置在空闲等待中，则主站接收到装配完成信号后，抓取机械手装置应立即前往装配单元装配台抓取已装配的工件；然后从装配站向加工站运送工件，到达加工站的加工台正前方，把工件放到加工台上。机械手装置的运动速度要求与②相同。机械手装置缩回到位后恢复空闲状态。

④ 若分拣单元有进料请求，且输送站抓取机械手装置在空闲等待中，则主站接收到加工完成信号后，输送站抓取机械手装置应立即前往加工单元加工台执行抓取已压紧工件的操作。抓取动作完成后，机械手臂逆时针旋转 90°，然后伺服电机驱动机械手装置以 400 mm/s 的速度移动到分拣站进料口，执行在传送带进料口上方把工件放下的操作。机械手装置完成放下工件的操作并缩回到位后，再顺时针旋转 90°，恢复空闲状态。

各从站的工艺工作过程与单站过程相同，但必须是主站机械手在相应工作台或进料口放置工件完成、手臂缩回到位后，工作过程才能开始。

系统的正常停止：从分拣站 1 号滑槽和 2 号滑槽输出的总套件数达到指定数量时，一批生产任务完成，系统发出停止运行指令。

停止运行指令发出后的处理要求如下：

① 若输送站抓取机械手装置正在夹持工件向装配站或加工站运动，则到达

目标站后，抓取机械手应执行在目标站放下工件的操作；然后以 300 mm/s 的速度返回原点。

②　若输送站抓取机械手装置正在夹持工件向分拣站运动，则到达分拣站后，抓取机械手应执行在分拣站进料口放下工件的操作，手臂缩回后顺时针旋转 90°，然后以 350 mm/s 的速度返回原点。

此时，在分拣站进料口放下的工件不需要进行分拣处理而直接送入 3 号滑槽。

上述操作完成后，警示灯中黄色灯熄灭，绿色灯仍保持常亮，系统处于停止状态。这时可触摸界面上的返回按钮，返回欢迎界面。此外也可在输送单元按钮/指示灯模块上切换开关 SA 到单站模式，3 s 后触摸屏应能自动返回欢迎界面。

停止后的再启动：在运行窗口界面下再次触摸启动按钮，系统又重新进入运行状态。再次投入运行后，系统应根据前次运行结束时，供料单元的出料台，装配、加工站的装配台或加工台上，分拣站的进料口处是否有工件存在，以确定系统的工作流程。

(3)　全线运行模式下的异常工作状态。

工件供给状态的信号警示：如果发生来自供料站或装配站的"工件不足够"的预报警信号或"工件没有"的报警信号，则系统动作如下：

①　如果发生"工件不足够"的预报警信号，警示灯中红色灯以 1 Hz 的频率闪烁、绿色灯和黄色灯保持常亮，系统继续工作。

②　如果发生"工件没有"的报警信号，警示灯中红色灯以亮 1 s、灭 0.5 s 的方式闪烁，黄色灯熄灭，绿色灯保持常亮。

若"工件没有"的报警信号来自供料站，且供料站物料台上已推出工件，系统继续运行，直至完成该工作周期尚未完成的工作为止。当该工作周期工作结束，系统将停止工作，除非"工件没有"的报警信号消失，系统不能再启动。

若"工件没有"的报警信号来自装配站，且装配站回转台上已落下芯件，系统继续运行，直至完成该工作周期尚未完成的工作为止。当该工作周期工作结束，系统将停止工作，除非"工件没有"的报警信号消失，系统不能再启动。

装配站急停与复位：在系统运行中，若装配站因故障需紧急停车(按下急停按钮)，则装配站立即停止工作。在急停复位后，应从急停前的断点开始继续运行。若急停按钮按下时，输送站机械手正携带待装配工件前往装配站，则机械手装置应继续携带待装配工件向装配站运动；到达后停止向装配站供料操作，直至急停复位。

若装配站故障暂时无法修复，则长按该站 SB1 按钮 2 s，装配站各执行部件将复位，并向系统发出"故障无法修复"信号，这时输送站机械手应将所携带的工件放回到供料站出料台上，然后系统停止运行。

# 四、项目实施

## 1. 组态用户界面的实现

### 1) 工程分析规划

(1) 工程框架。工程框架有 3 个用户窗口：欢迎界面、安装测试界面、系统运行界面。其中欢迎界面是启动界面。它还有 1 个策略窗口：循环策略窗口。

(2) 数据对象。数据对象包括各工作站的测试以及工作状态指示灯、各工作站的测试按钮，启动、停止、复位按钮，变频器输入频率设定、机械手当前位置、产品套件数量等。

(3) 图形制作。

欢迎界面窗口：

① 图片：通过位图装载实现。

② 文字：通过标签实现。

③ 按钮、指示灯：由对象元件库引入。

安装测试界面窗口：

① 文字：通过标签构件实现。

② 各工作站的工作状态指示灯、测试按钮：由对象元件库引入。

③ 机械手当前位置：通过标签构件和滑动输入器实现。

系统运行界面窗口：

① 文字：通过标签构件实现。

② 各工作站工作状态指示灯：由对象元件库引入。

③ 启动、停止、复位按钮：由对象元件库引入。

④ 输入频率设置：通过输入框构件实现。

⑤ 机械手当前位置：通过标签构件和滑动输入器实现。

(4) 流程控制。流程控制通过循环策略中的脚本程序策略块实现。

(5) 安全机制。安全机制定义用户和用户组、设置操作权限。

2) 创建工程

(1) 新建工程。运行"MCGS 嵌入版组态环境"软件，单击"新建工程"打开"新建工程设置"界面，如图 6-3 所示。选择触摸屏型号，在 TPC 类型中如果找不到"TPC7062KS"，则请选择"TPC7062K"，单击"确定"按钮后，如果MCGS 嵌入版安装在 D 盘根目录下，则会在 D: \MCGSE\WORK\下自动生成新建工程，默认的工程名为"新建工程 X.MCE"(X 表示新建工程的顺序号，如 0、1、2 等)。选择文件菜单中的"工程另存为"菜单项，弹出文件保存窗口。选择好保存路径，并在文件名一栏内输入"2012 年技能大赛"，单击"确定"按钮，工程创建完毕。

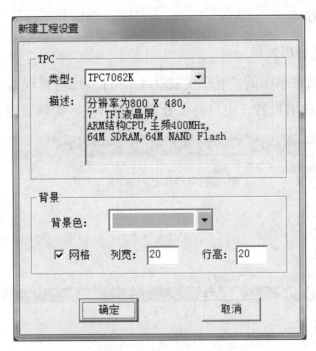

图 6-3　新建工程设置窗口

(2) 新建窗口。MCGS 嵌入版用"工作台"窗口来管理构成用户应用系统的5 个部分。工作台上的 5 个标签：主控窗口、设备窗口、用户窗口、实时数据库和运行策略，分别对应于 5 个不同的窗口页面，每一个页面负责管理用户应用系统的一个部分，用鼠标单击不同的标签可选取不同窗口页面，对应于系统的相应部分进行组态操作。工作台窗口如图 6-4 所示，在"用户窗口"中单击"新建窗口"按钮，建立"窗口 0"、"窗口 1"、"窗口 2"，然后分别对其属性进行设置。

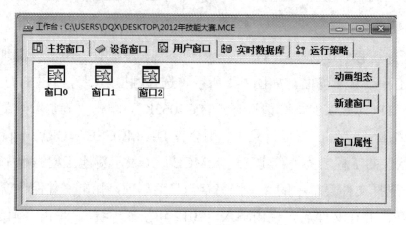

图 6-4  工作台窗口

### 2. 安全机制

1) 定义用户和用户组

(1) 选择工具菜单中的"用户权限管理"，打开用户管理器对话框，如图 6-5 所示。缺省定义的用户名、用户组名分别为负责人、管理员组。

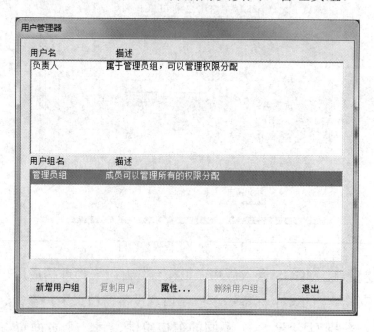

图 6-5  用户管理器

(2) 定义用户组。选中管理员组，单击"属性"按钮打开用户组属性设置对话框，如图 6-6 所示，用户组名称修改为"负责人组"。单击"新增用户组"按钮，弹出用户组属性设置对话框。对其进行如下设置：用户组名称为操作员组，用户组描述为成员仅能进行操作。单击"确认"按钮，回到用户管理器窗口。

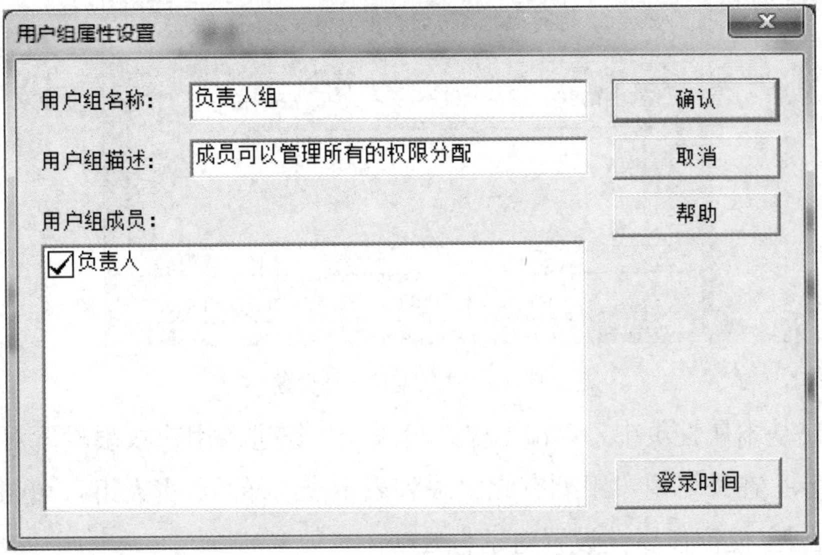

图 6-6 用户组属性设置

(3) 定义用户。单击用户列表域选中"负责人"，单击"属性"按钮，弹出用户属性设置对话框。参数设置如下：用户名称为李总，用户描述为负责人具有一切权限，用户密码为 BBBB，确认密码为 BBBB，隶属用户组为负责人组，单击"确认"按钮，回到用户管理器窗口。再次进入用户组编辑状态，双击"负责人组"按钮，在用户组成员中选择"李总"。

单击"新增用户"按钮，弹出用户属性设置对话框。参数设置如下：用户名称为张工，用户描述为操作员，用户密码为 BBBB，确认密码为 BBBB，隶属用户组为操作员组，单击"确认"按钮，回到用户管理器窗口。再次进入用户组编辑状态，双击"操作员组"，在用户组成员中选择"张工"。单击"确认"按钮。单击"退出"按钮，退出用户管理器。

2) 系统权限管理

(1) 进入主控窗口，在图 6-4 所示"工作台"窗口中选中"主控窗口"图标，单击"系统属性"按钮，进入主控窗口属性设置对话框，如图 6-7 所示。

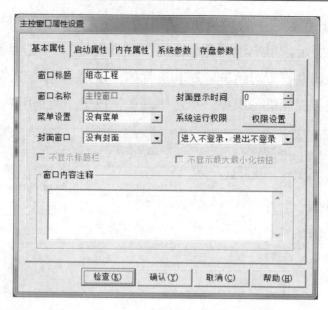

图 6-7　主控窗口属性设置

(2) 在基本属性页中，单击"权限设置"按钮进入用户权限设置对话框，如图 6-8 所示。在许可用户组拥有此权限列表中，选择"负责人组"，单击"确认"按钮，返回主控窗口属性设置对话框。

(3) 在图 6-7 所示选择框中选择"进入登录，退出不登录"，单击"确认"按钮，系统权限设置完毕。

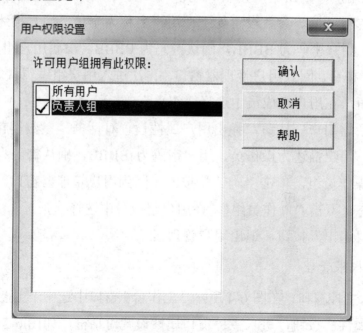

图 6-8　用户权限设置

### 3. 欢迎界面组态

1) 建立欢迎界面

选中"窗口0",单击"窗口属性"进入用户窗口属性设置对话框,如图6-9所示。

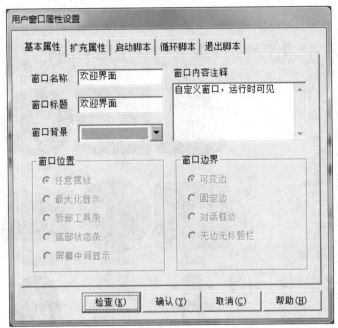

图6-9  用户窗口属性设置

用户窗口属性设置包括:

① 窗口名称改为欢迎界面。

② 窗口标题改为欢迎界面。

③ 窗口背景改为浅蓝。

④ 在"用户窗口"中,选中"欢迎界面",点击右键选择下拉菜单中的"设置为启动窗口"选项,将该窗口设置为运行时自动加载的窗口。

2) 编辑欢迎界面

选中"欢迎界面"窗口图标,单击"动画组态"进入动画组态窗口开始编辑画面。

(1) 装载位图。选择"工具箱"内的"位图"按钮,鼠标的光标呈"十字"形,在窗口左上角位置拖拽鼠标,拉出一个矩形,使其填充整个窗口。

在位图上单击右键，选择"装载位图"，找到个人计算机的"桌面\技术文档\"文件夹中要装载的位图，点击选择该位图，然后单击"打开"按钮，则图片装载到了窗口。

(2) 制作指示灯。单击绘图工具箱中"▭"图标，弹出"对象元件库管理"对话框如图 6-10 所示。从"指示灯"类中选取指示灯 6，调整为适当大小后放到适当位置。

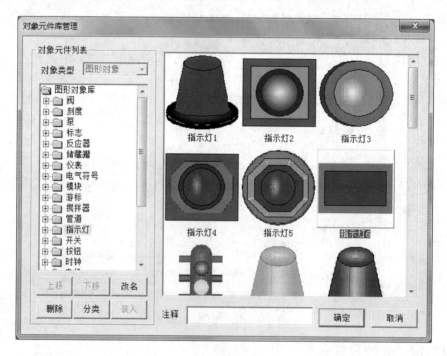

图 6-10　对象元件库管理

(3) 制作按钮：

① "测试模式"按钮制作：单击绘图工具箱中"▭"图标，在窗口中拖出一个大小合适的按钮，双击该按钮，出现如图 6-11(a)所示的属性设置窗口。在基本属性页中"文本"项输入按钮的名称"测试模式"，"背景色"、"文本颜色"及字体参照图 6-11(a)所示设置。单击"权限"按钮，打开用户权限设置中"许可用户组拥有此权限"并选择"负责人组"。在可见度属性页中，点选测试完成指示灯非零时"按钮可见"；在操作属性页中单击"按下功能"：打开用户窗口时选择"安装测试界面"，并使数据对象值操作中"HMI 就绪"的值置 1，如图 6-11(b)所示。

② "运行模式"按钮制作：参考上一步方法完成。

(a) 基本属性页

(b) 操作属性页

图 6-11　欢迎界面按钮制作

(4) 制作循环移动的文字框图：

① 选择"工具箱"内的"标签"按钮，拖拽到窗口上方中心位置，根据需要拉出一个大小适合的矩形。在鼠标光标闪烁位置输入文字"2012 年全国高职院校自动化生产线安装与调试技能大赛"，按回车键或在窗口任意位置用鼠标单击一下，完成文字输入。

② 静态属性设置。双击"文字"，打开"标签动画组态属性设置"，"静态属性"区域文字框的"填充颜色"为没有填充；文字框的"边线颜色"为没有边线；"字符颜色"为黑色；单击"字符颜色"选项右侧的▇▇▇▇按钮，在打开的"字体"对话框总设置文字字符颜色为藏青色；文字字体为华文细黑；字型为粗体。

③ 为了使文字循环移动，在"位置动画连接"中勾选"水平移动"，在对话框上端就增添"水平移动"窗口标签。水平移动属性页的设置如图 6-12 所示。

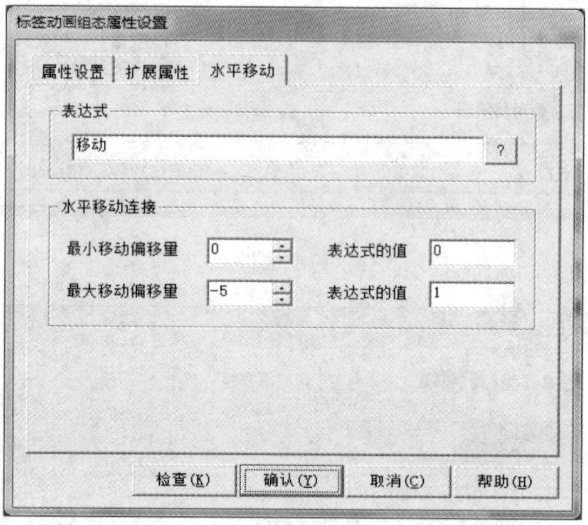

图 6-12　水平移动属性设置

水平移动属性页设置说明如下：为了实现"水平移动"动画连接，首先要确定对应连接对象的表达式，然后定义表达式的值所对应的位置偏移量。在图 6-12 中，定义一个内部数据对象"移动"作为表达式，它是一个与文字对象的位置偏移量成比例的增量值，当表达式"移动"的值为 0 时，文字对象的位置向右移动 0 点(即不动)；当表达式"移动"的值为 1 时，对象的位置向左移动 5 点(–5)，这就是说"移动"变量与文字对象的位置之间关系是一个斜率为–5 的线性关系。

触摸屏图形对象所在的水平位置定义为：以左上角为坐标原点，单位为像素点，向左为负方向，向右为正方向。TPC7062KS 分辨率是 800×480，文字串"2012 年全国高职院校自动化生产线安装与调试技能大赛"向左全部移出的偏移量约为–700 像素，故表达式"移动"的值为+140。文字循环移动的策略是，如果文字串向左全部移出，则返回初始位置重新移动。

组态"循环策略"的具体操作如下：在"运行策略"中，双击"循环策略"

进入策略组态窗口。双击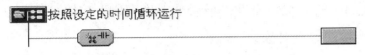图标进入"策略属性设置"，将循环时间设置为 100 ms，单击"确认"按钮。在策略组态窗口中，单击工具条中的"新增策略行"图标来增加一策略行，如图 6-13 所示。

图 6-13　新增策略行操作

单击"策略工具箱"中的"脚本程序"，将鼠标指针移到策略块图标上，单击鼠标左键，添加脚本程序构件，如图 6-14 所示。

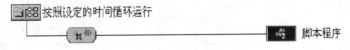

图 6-14　添加脚本程序构件

双击 进入策略条件设置，在表达式中输入 1，即可始终满足条件。

双击 进入脚本程序编辑环境，输入下面的程序：

```
if 移动<=140 then
移动=移动+1
else
移动=-140
endif
```

单击"确认"按钮，脚本程序编写完毕。

### 4．安装测试界面组态

1) 建立安装测试界面

(1) 选中"窗口 1"，单击"窗口属性"进入用户窗口属性设置对话框(如图 6-9 所示)。

(2) 将窗口名称改为安装测试界面；窗口标题改为安装测试界面；在"窗口背景"中，选择所需要颜色。

2) 定义数据对象和连接设备

(1) 定义数据对象。定义数据对象包括各工作站的工作状态指示灯、复位按钮、机械手当前位置等，它们都是需要与 PLC 连接进行信息交换的数据对象。定义数据对象的步骤如下：

① 单击工作台中的"实时数据库"窗口标签，进入实时数据库窗口页。

② 单击"新增对象"按钮，在窗口的数据对象列表中增加新的数据对象。

③ 选中对象，单击"对象属性"按钮或双击选中对象，则打开"数据对象属性设置"窗口；然后编辑属性；最后单击"确认"按钮。表 6-2 列出了测试界面与 PLC 连接的数据对象。

表 6-2  数 据 对 象

| 序号 | 对象名称 | 类型 | 序号 | 对象名称 | 类型 |
|---|---|---|---|---|---|
| 1 | 测试复位 | 开关型 | 10 | 测试完成指示灯 | 开关型 |
| 2 | 清除测试 | 开关型 | 11 | 抓取测试中指示灯 | 开关型 |
| 3 | 测试加工站 | 开关型 | 12 | 释放测试中指示灯 | 开关型 |
| 4 | 测试装配站 | 开关型 | 13 | 加工站位置 | 数值型 |
| 5 | 测试分拣站 | 开关型 | 14 | 装配站位置 | 数值型 |
| 6 | 运行按钮 | 开关型 | 15 | 分拣站位置 | 数值型 |
| 7 | 测试抓取 | 开关型 | 16 | 抓取周期 | 数值型 |
| 8 | 测试释放 | 开关型 | 17 | 释放周期 | 数值型 |
| 9 | 初始状态指示灯 | 开关型 | 18 | 机械手当前位置 | 数值型 |

(2) 设备连接。使定义好的数据对象和 PLC 内部变量进行连接，步骤如下：

① 在"设备窗口"中双击"设备窗口"图标进入设备窗口，单击工具条中的"工具箱"图标，打开"设备工具箱"；单击"设备工具箱"中的"设备管理"按钮，弹出如图 6-15 所示窗口。

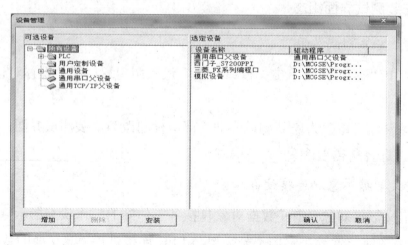

图 6-15  设备管理对话框

在可选设备列表中，双击"通用串口父设备"，然后双击"三菱_FX 系列编程口"，单击"确认"按钮，"三菱_FX 系列编程口"设备即被添加到"设备工具箱"中。

② 分别双击"设备工具箱"中的"通用串口父设备"和"三菱_FX 系列编程口"，设备被添加到设备组态窗口中。设置通用串口父设备的基本属性如图6-16 所示。

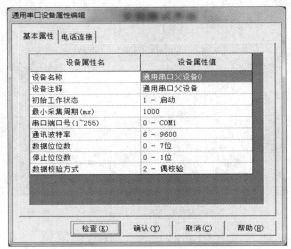

图 6-16　设置通用窗口父设备的基本属性

③ 双击"三菱_FX 系列编程口"，进入"设备编辑窗口"，按照表 6-2 中的数据逐个"增加设备通道"，如图 6-17 所示。

图 6-17　设备编辑窗口

3) 编辑测试界面

测试界面如图 6-18 所示。图中的按钮、指示灯、文字框等请参阅以上所介绍的知识完成。

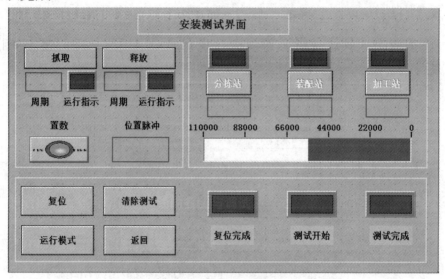

图 6-18　安装测试界面

以复位完成指示灯为例介绍动画连接。双击"复位"按钮，完成指示灯；打开"单元属性设置"，在动画连接标签中选中标签，单击 ▬▬ 进入"标签动画组态属性设置"；在填充颜色标签中表达式选中开关型变量"初始状态指示灯"，单击"确认"按钮完成设置。对于不同的对象，可根据需要完成相应的动画组态。如图 6-19 所示。

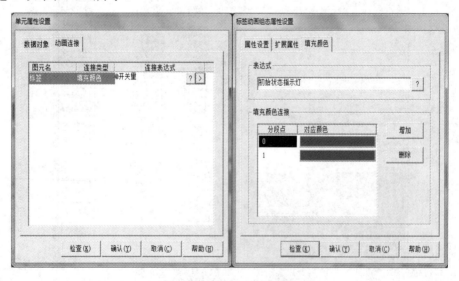

图 6-19　动画组态对话框

4) 创建提示界面

当测试完成时，弹出提示框。提示界面的大小设置为(380，150)，在提示界面中显示"各单元安装位置数据测试完毕！"文字及"确定"和"返回"按钮，如图 6-20 所示。

图 6-20　测试完毕提示界面

提示窗口的弹出可根据要求的不同来定义不同的弹出条件，此处复位完成后弹出的复位完成提示框应在测试画面的空白处，点击鼠标右键后再单击"选择属性"，选择循环脚本，并在循环脚本里面写入语句，如图 6-21 所示。

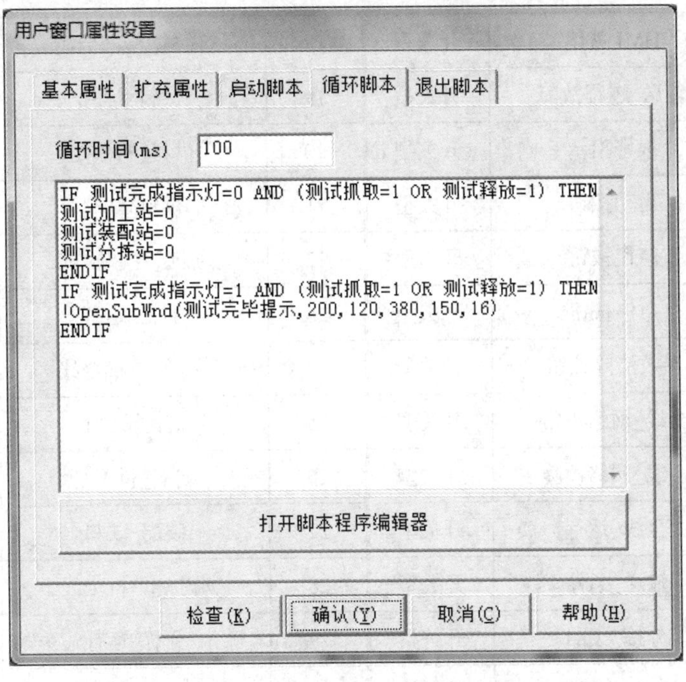

图 6-21　循环脚本

在这里"测试完成指示灯=1 AND (测试抓取=1 OR　测试释放=1)"作为弹出窗口的条件；而 "!OpenSubWnd(测试完毕提示,200,120,380,150,16)" 是弹出界面的命令语言，其中"测试完毕提示"是界面的名称，"200,120"是所弹出界面在主窗口的坐标，而"380,150"就是弹出子窗口的长宽。

### 5. 运行界面组态

1) 建立运行界面

(1) 选中"窗口 2",单击"窗口属性"进入用户窗口属性设置对话框,如图 6-9 所示。

(2) 将窗口名称改为运行界面;窗口标题改为运行界面;在"窗口背景"中选择所需要颜色。

2) 定义数据对象和连接设备

(1) 定义数据对象。

表 6-3 列出了运行界面与 PLC 连接的数据对象。

表 6-3　数 据 对 象

| 序号 | 对象名称 | 类型 | 序号 | 对象名称 | 类型 |
|---|---|---|---|---|---|
| 1 | HMI 就绪 | 开关型 | 18 | 供料_单机全线 | 开关型 |
| 2 | 输送_越程故障 | 开关型 | 19 | 供料_运行 | 开关型 |
| 3 | 报警指示 | 开关型 | 20 | 供料_料不足 | 开关型 |
| 4 | 启动按钮 | 开关型 | 21 | 供料_缺料 | 开关型 |
| 5 | 停止按钮 | 开关型 | 22 | 加工_单机全线 | 开关型 |
| 6 | 急停按钮 | 开关型 | 23 | 加工_运行 | 开关型 |
| 7 | 参数清除按钮 | 开关型 | 24 | 装配_单机全线 | 开关型 |
| 8 | 全线_网络正常 | 开关型 | 25 | 装配_运行 | 开关型 |
| 9 | 全线_网络故障 | 开关型 | 26 | 装配_料不足 | 开关型 |
| 10 | 全线_运行 | 开关型 | 27 | 装配_缺料 | 开关型 |
| 11 | 输送_急停 | 开关型 | 28 | 分拣_单机全线 | 开关型 |
| 12 | 分拣_废品 | 开关型 | 29 | 分拣_运行 | 开关型 |
| 13 | 分拣_变频器频率 | 数值型 | 30 | 输送_机械手位置 | 数值型 |
| 14 | 反馈频率 | 数值型 | 31 | 总套件数 | 数值型 |
| 15 | 废品率 | 数值型 | 32 | 已完成套件数 | 数值型 |
| 16 | 废品数 | 数值型 | 33 | 尚需完成套件数 | 数值型 |
| 17 | 工作周期 | 数值型 | | | |

(2) 设备连接请参阅以上所介绍的知识自行完成。

3) 运行界面制作和组态

按如下步骤制作和组态运行界面：

(1) 制作运行界面的标题文字、在工具箱中选择直线构件，把标题文字下方的区域划分为如图 6-22 所示的四部分。其中，左边部分是各从站单元画面，右边是系统工作状态指示，中间是参数显示及输送单元画面，最下方是控制按钮。

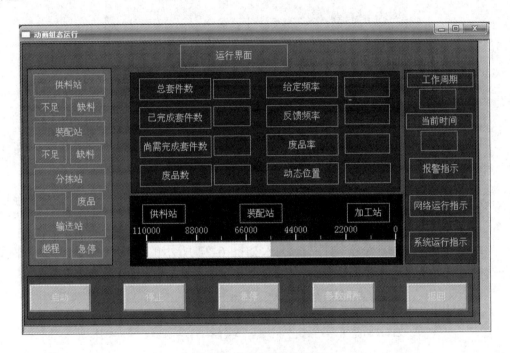

图 6-22　运行界面效果图

(2) 制作各从站单元运行状态界面并组态。利用标签、矩形框等构件完成的界面如图 6-22 左边部分所示。

与其他标签组态不同的是：缺料报警分段点 1 设置的颜色是红色，并且还需组态闪烁功能。具体步骤是：在标签动画组态属性设置页的"特殊动画连接"框中勾选"闪烁效果"，"填充颜色"旁边就会出现"闪烁效果"页，如图 6-23 所示。点选"闪烁效果"页，表达式选择为"供料_缺料"；在闪烁实现方式框中点选"用图元属性的变化实现闪烁"；填充颜色选择黄色。

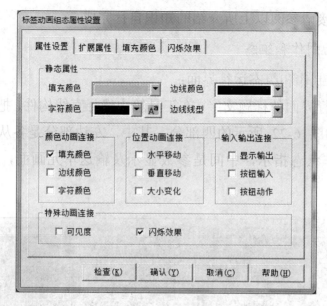

图 6-23　标签动画组态属性设置

（3）制作主站输送单元界面如图 6-22 中间部分所示。这里只着重说明滑动输入器的制作方法。具体步骤如下：

① 选中"工具箱"中的滑动输入器图标，当鼠标呈"十"后拖动鼠标到适当大小，再调整滑动块到适当的位置。

② 双击"滑动输入器构件"，进入如图 6-24 所示的"滑动输入构件属性设置"窗口。

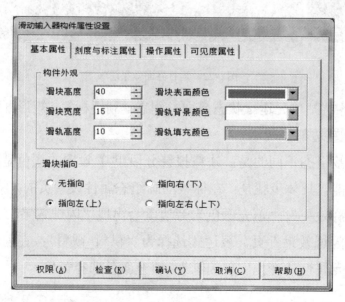

图 6-24　滑动输入器构件属性设置

按照下面的值设置各个参数：

(a) 在"基本属性"页中，滑块指向为指向左(上)。

(b) 在"刻度与标注属性"页中，"主划线数目"为 11，"次划线数目"为 2；小数位数为 0。

(c) 在"操作属性"页中，对应数据对象名称为输送_机械手位置；滑块在最左(下)边时对应的值为 1100；滑块在最右(上)边时对应的值为 0；其他为缺省值。

③ 单击"权限"按钮进入用户权限设置对话框，选择管理员组，单击"确认"按钮完成制作。

# 五、项目评价

## 1. 项目评分

依据选手完成工作任务的情况，参照国家职业资格"高级维修电工"和"可编程序系统设计师(三级)"的知识技能要求，按照技能大赛技术专家组制定的考核标准进行评分。评价方式采用过程评价与结果评价相结合，工艺评价与功能评价相结合，能力评价与职业素养评价相结合。满分为 100 分。

赋分架构：

(1) 机械机构及气动部件安装及调整 20 分。

(2) 控制电路设计、布线、气路连接及调整 20 分。

(3) 工作单元独立功能完成情况 30 分。

(4) 自动线整体功能完成情况 20 分。

(5) 职业素养与安全意识 10 分。

## 2. 违规扣分

选手有下列情形须从参赛成绩中扣分：

(1) 在完成工作任务的过程中，因操作不当导致事故，扣 10～20 分。情况严重者取消比赛资格。

(2) 因违规操作损坏赛场提供的设备，污染赛场环境等不符合职业规范的行为，视情节扣 5～10 分。

(3) 扰乱赛场秩序，干扰裁判员工作，视情节扣 5～10 分。情况严重者取消比赛资格。

指导教师在进入赛场进行口头指导过程中，有下列情形须从参赛成绩中扣分：

(1) 参与比赛操作，包括绘图、安装、编程等非口头指导行为，扣 10 分。情节严重者取消比赛资格。

(2) 指导时间超过规定时限不退出赛场工位，扣 10 分。情节严重者取消比赛资格。

(3) 携带与比赛有关的物品进入场地进行指导，扣 10 分。情节严重者取消比赛资格。

(4) 指导过程中影响其他参赛队，扣 10 分。情节严重者取消比赛资格。

### 3．成绩评定

竞赛成绩相同时，完成工作任务所用时间少的名次在前；当竞赛成绩和完成工作任务用时均相同时，人机界面组态项和 PLC 编程的成绩高的名次在前，控制系统选择国产品牌的和职业素养项的成绩高的名次在前。

## 六、练习与思考

有一物品传送系统，可实现 A 处到 B 处的产品输送。A、B 处各有一四轴机械手，分别进行上料和下料操作，该机械手特性与本章描述的机械手相同。产品通过传送带从 A 处运送到 B 处，传送带的下料端安装有位置传感器，以判断是否有产品到达 B 处。试用 MCGS 实现其计算机控制系统，具体要求如下：

(1) 判断计算机通信以及设备工作是否正常，若正常，则实时地显示位置传感器的输入信号及机械手的状态。

(2) 能够分别实现自动和手动上、下料。

自动方式下，各设备按程序设定工作：传送带在上料和下料时处于停止状态，其他时间在连续运转。初始时，传送带停止，上料机械手实现上料操作，在其完成后启动传送带；当产品运行到位置传感器时，传送带停止，下料和上料机械手分别进行下料和上料操作，在其完成后启动传送带。如果在上料完成 2 min 后，位置传感器未检测到产品到达信号，则传送带停止运转并产生报警。

手动方式下，各机械手的工作是独立的，可人工通过运行画面中的按钮操作任意驱动其按某一方向动作。这些动作之间是相互独立的，即当机械手沿某一方向(伸缩)运动时，也可同时沿其他方向(升降)运动。传送带的运动通过按钮来控制。

手/自动的切换由按钮实现。在自动工作转向手动控制时，各输出状态暂停，即各机械手和传送带停止动作；然后计算机在接到人工控制信号时，才向各机械手和传送带发送运转命令。在手动控制转换到自动控制时，系统首先进行初始化复位操作(需时约 5 s)，即各机械手的状态恢复初始状态，传送带停止；再按自动运行程序工作。系统运行时的动画效果应与实际机械手的运动趋势一致。

(3) 上、下料机械手的运行方向上均安装有限位开关，无论是在自动还是在手动工作方式下，各限位开关的状态以及位置传感器输入信号、传送带的启动/停止应从系统画面中体现出来。

(4) 能够统计产品的总量。

# 参 考 文 献

[1]　袁秀英. 组态控制技术[M]. 北京：电子工业出版社，2003.

[2]　张文明. 组态软件控制技术[M]. 北京：清华大学出版社，北京交通大学出版社，2006.

[3]　陈志文. 组态控制实用技术[M]. 北京：机械工业出版社，2008.

[4]　北京昆仑通态自动化软件科技有限公司. MCGS 组态软件培训教程.

[5]　肖峰. 贺哲荣. PLC 编程 100 例[M]. 北京：中国电力出版社，2009.

[6]　吴作明. 工控组态软件 PLC 应用技术[M]. 北京：北京航空航天大学出版社，2007.

[7]　严盈富. 监控组态软件与 PLC 入门[M]. 北京：人民邮电出版社，2006.

[8]　汪志锋. 工控组态软件[M]. 北京：电子工业出版社，2007.

[9]　吴海勤. 工控组态软件实例教程[M]. 北京：电子工业出版社，2006.

[10]　李建伟. 监控组态软件的设计与开发[M]. 北京：电子工业出版社，2007.

[11]　许志军. 工业控制组态软件及应用[M]. 北京：机械工业出版社，2005.

[12]　廖常初. 西门子人机界面(触摸屏)组态与应用技术[M]. 北京：机械工业出版社，2008.